U0338371

传感器与检测技术实验

主　编　吴晓雪　张国庆　丁丽娜
副主编　缪新颖　何　南　祝开艳
　　　　宋金岩

中国矿业大学出版社
·徐州·

内 容 简 介

本书是应用型本科院校课程"传感器原理与转换技术""过程检测技术及仪表""传感器原理与应用""机械工程测试技术"的实验教材。本书中的实验项目结合院校的实际仪器设备,侧重对学生实践操作能力和综合设计能力的培养,具有较强的可操作性和通用性。全书共4章,第1章内容为THSRZ-2A型传感器系统综合实验装置简介;第2章内容为传感器基础知识,包括传感器概论、传感器特性和最小二乘法等实验数据处理方法;第3章涵盖了传感器原理与转换技术基础性实验;第4章内容为传感器原理与转换技术综合性实验。

图书在版编目(C I P)数据

传感器与检测技术实验/吴晓雪,张国庆,丁丽娜主编.
—徐州:中国矿业大学出版社,2020.9
　ISBN 978-7-5646-4730-8

Ⅰ.①传… Ⅱ.①吴… ②张… ③丁… Ⅲ.①传感器—
检测—高等学校—教材 Ⅳ.①TP212

中国版本图书馆 CIP 数据核字(2020)第 101654 号

书　　名　传感器与检测技术实验
主　　编　吴晓雪　张国庆　丁丽娜
责任编辑　仓小金
出版发行　中国矿业大学出版社有限责任公司
　　　　　（江苏省徐州市解放南路　邮编221008）
营销热线　(0516)83884103　83885105
出版服务　(0516)83995789　83884920
网　　址　http://www.cumtp.com　E-mail:cumtpvip@cumtp.com
印　　刷　虎彩印艺股份有限公司
开　　本　787 mm×1092 mm　1/16　印张10　字数 250 千字
版次印次　2020 年 9 月第 1 版　2020 年 9 月第 1 次印刷
定　　价　30.00 元

（图书出现印装质量问题,本社负责调换）

前　言

"传感器原理与检测技术"是高等学校电子信息工程、通信工程、自动化和仪器仪表、机械设计制造及其自动化、电气工程及自动化等本科专业教学中的主干专业课,目前几乎所有的有工科研究背景的院校都开设了相关的课程。本书是编者根据传感器原理与检测技术大纲要求,同时考虑到传感器原理与检测技术在工程实际中的广泛应用,总结多年的实验教学经验组织编写而成的。

全书共分4章,第1章内容为THSRZ-2A型传感器系统综合实验装置简介。第2章内容为传感器基础知识,包括传感器概论、传感器特性和最小二乘法等实验数据处理方法。第3章涵盖了传感器原理与转换技术基础性实验,包含金属箔式应变片性能实验、热电阻实验、热电偶实验、霍尔传感器实验、压电传感器实验、光纤传感器实验、光纤位移传感器实验、温度测量实验、电涡流传感器实验、转速测量实验、磁电式传感器实验等。通过对这些基础实验的学习,学生能够熟练掌握各类传感器的基本原理及应用。第4章内容为传感器原理与转换技术综合性实验,有电容传感器动态特性测试、交流全桥振幅测量、差动变压器传感器的应用、激励频率对电感式传感器的影响等12个较为典型的传感器原理与检测技术综合性应用实验。学生在做综合性实验时,需要系统地掌握传感器与检测技术的相关知识,了解传感器性能的改善途径、传感器的标定和校准方法。

本书由吴晓雪、张国庆、丁丽娜担任主编,缪新颖、何南、祝开艳、宋金岩担任副主编,姜凤娇、庞洪帅、刘敏参编。具体编写分工如下:吴晓雪主要完成第1章、第3章3.1—3.13的撰写工作;张国庆主要完成第3章3.14—3.20的撰写工作;丁丽娜主要完成第2章、第3章3.21—3.22的撰写工作;缪新颖主要完成第4章4.1—4.3的撰写工作;何南主要完成第4章4.4—4.6的撰写工作;祝开艳主要完成第4章4.7—4.9的撰写工作;宋金岩主要完成第4章4.10—4.12的撰写工作;姜凤娇、庞洪帅、刘敏负责书中大量绘图工作,并对书稿进行了校对和整理。

本书的出版得到了参编的各个单位的领导、浙江天煌教学仪器有限公司以及大连海大中天海洋工程有限公司的大力支持,在此一并表示诚挚的谢意!

由于编者水平所限,尽管有多位老师反复审校,书中还可能有疏漏和欠妥之处,恭请读者不吝赐教。

编　者

2019 年 9 月

目　录

第 1 章   THSRZ-2A 型传感器系统综合实验装置简介

实验装置由主控台(见图 1-1)、检测源模块、传感器及调理(模块)、数据采集卡组成,完全采用模块化设计,将测量源、传感器、检测技术有机地结合,使学生能够更全面地学习和掌握信号传递、信号处理、信号转换、信号采集和信号传输的整个过程。

1.1   主控台

(1) 两组信号发生器:1～10 kHz 音频信号,V_{p-p}在 0～12 V 连续可调;1～30 Hz 低频信号,V_{p-p}在 0～12 V 连续可调。

(2) 直流稳压电源:＋24 V,±15 V,＋5 V,±2 V、±4 V、±6 V、±8 V、±10 V,0～5 V可调,有短路保护功能。

(3) 恒流源:0～20 mA 连续可调,最大输出电压 12 V。

(4) 数字式电压表:量程 0～20 V,分为 200 mV、2 V、20 V 三挡,精度 0.5 级。

(5) 数字式毫安表:量程 0～20 mA,三位半数字显示,精度 0.5 级,有内测/外测功能。

(6) 频率/转速表:频率测量范围 1～9 999 Hz,转速测量范围 1～9 999 r/min。

(7) 计时器:0～9 999 s,可精确到 0.1 s。

(8) 高精度温度调节仪:具有多种输入输出规格和人工智能调节以及参数自整定功能,控制算法先进,温度控制精度±0.5 ℃。

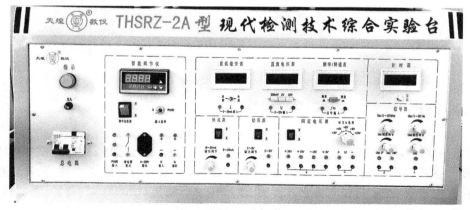

图 1-1   THSRZ-2A 型现代检测技术综合实验台

1.2 配套传感器

配套传感器包含金属箔式应变传感器,差动变压器,差动电容传感器,霍尔位移传感器,扩散硅压力传感器,光纤位移传感器,电涡流传感器,压电加速度传感器,磁电传感器,PT100、AD590、LM35、K 型热电偶,E 型热电偶,Cu50、PN 结温度传感器,NTC、PTC、酒精传感器,一氧化碳传感器,湿敏传感器,光敏电阻,硅光电池,声电传感器,红外热释电传感器,磁阻传感器,光电开关传感器,霍尔开关传感器等,部分传感器如图 1-2 所示。

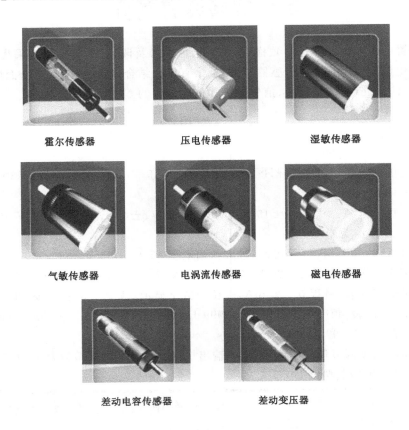

霍尔传感器　　　　　压电传感器　　　　　湿敏传感器

气敏传感器　　　　　电涡流传感器　　　　磁电传感器

差动电容传感器　　　　　差动变压器

图 1-2 部分配套传感器

1.3 配套模块

实验模块有应变传感器模块、差动变压器传感器模块、电容传感器模块、霍尔传感器模块、温度传感器模块、压电传感器模块、压力传感器模块、电涡流传感器模块、光纤位移传感器模块、光电模块、红外热释电传感器模块、温度传感器模块(二)、移相/检波/滤波模块、信号转换模块、转动源、振动源、加热源,部分配套模块如图 1-3 所示。

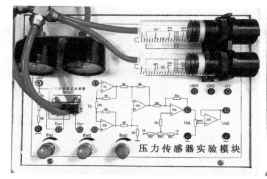

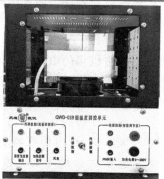

图 1-3　部分配套模块

1.4　数据采集

高速 USB 数据采集卡：含 4 路模拟量输入，2 路模拟量输出，8 路开关量输入输出，14 位 A/D 转换(A/D 采样频率最大 400 kHz)。

上位机软件：本软件配合 USB 数据采集卡使用，实时采集实验数据，对数据进行动态或静态处理和分析，含双通道虚拟示波器、虚拟函数信号发生器、脚本编辑器。

1.5　使用方法

实验前应先认真仔细阅读实验指导书，每个实验均应在断开电源的状态下按实验电路接好连接线(实验中用到可调直流电源时，应在该电源调到实验值后再接到实验线路中)，检查确保无误后方可接通电源。

1.6　仪器维护及故障排除

① 实验中应防止硬物撞击、划伤实验台面，防止传感器及实验面板跌落。

② 实验完毕要将传感器、配件、实验模板及连接线全部整理好。

③ 开机后数显表若无显示，应检查电源是否接通、主机箱的保险丝是否烧断。如果都

正常,则更换主机箱中的主机电源。

④ 振动源不工作,应检查主机面板上的低频振荡器有无输出。如果无输出,则更换信号板;如果有输出,则更换振动源的振荡线圈。

⑤ 温度源不工作,应检查温度源开关是否打开、温度源的保险丝是否烧断、调节仪设置是否正确。如果都正常,则更换温度源。

1.7 注意事项

① 在实验前务必详细阅读实验指导书。

② 严禁用酒精、有机溶剂或其他具有腐蚀性的溶液擦洗主机箱的面板和实验模板面板。

③ 请勿将主机箱的电源、信号源输出端与地(⊥)短接,因短接时间长易造成电路故障。

④ 请勿将主机箱的正负极电源接错。

⑤ 在更换接线时,应断开电源。

⑥ 只有在确保接线无误后方可接通电源。

⑦ 实验完毕后,请将传感器及实验模板放回原处。

⑧ 如果实验台长期未通电使用,在实验前先通电 10 min 预热,再按一次漏电保护按钮,检查其功能是否有效。

⑨ 实验接线时,要握住手柄插拔实验线,不能拉扯实验线。

⑩ 遵守实验室纪律,养成良好的实验习惯。

第 2 章　传感器基础知识

2.1　传感器概论

2.1.1　传感器的定义

传感器亦称换能器、变换器、变送器、探测器等。传感器是能感受特定被测量并按照一定规律将其转换成可用输出信号的器件或装置,通常由敏感元件和转换元件组成。其中,敏感元件是指传感器中能直接感受或者响应被测量并输出与被测量成确定关系的其他量(一般为非电量)部分。转换元件是指传感器中能将敏感元件感受或响应的被测量转换成适于传输或测量的可用输出信号(一般为电量)部分。

2.1.2　传感器的组成(见图 2-1)

传感器输出的信号基本都比较微弱,而且存在非线性问题和各种误差,为了便于传输、处理、显示、记录和控制有用信号,需要配有信号调节与转换电路将信号放大或变换为容易传输、处理、记录和显示的形式。

常用的电路有电桥、放大器、振荡器、阻抗变换、补偿等。它们分别与相应的传感器相配合工作。

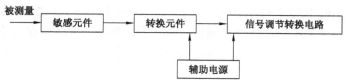

图 2-1　传感器组成框图

2.1.3　传感器的分类

传感器的种类繁多、原理各异,检测对象几乎涉及各种参数,通常一种传感器可以检测多种参数,一种参数又可以用多种传感器测量。所以传感器的分类方法很多,主要可以按照工作原理、输入信息和应用范围来进行分类。

(1)按照工作原理分类

具体见表 2-1。

(2)按照输入量分类

传感器按照输入量进行分类有:位移传感器、速度传感器、加速度传感器、温度传感器、压力传感器、力传感器、色传感器、磁传感器,它们均以输入量进行命名。采用这种分类方法,在使用传感器时非常方便。

表 2-1　传感器按工作原理的分类

工作原理	传感器名称
物理量传感器	压力传感器、力传感器、力矩传感器、速度传感器、加速度传感器、流量传感器、位移传感器、位置传感器、温度传感器、激光传感器、可见光传感器、电压传感器
化学量传感器	半导体气体传感器、电位型气体传感器、光纤湿度传感器、金属氧化物湿度传感器、陶瓷湿度传感器、漏电传感器、水分传感器、固体电解质离子传感器、pH 传感器等
生物量传感器	酶传感器、血脂生物传感器、胆固醇传感器、免疫传感器、血压传感器、脉搏传感器、体温传感器、血流传感器、呼吸传感器、离子通道传感器等

（3）按应用范围分类

根据应用范围,通常可以将传感器分为工业用、农业用、民用、科研用、医用、军用、环保用、家电用传感器等。如果按照使用地点来分类,则还可以分为汽车用、舰船用、飞机用、宇宙飞船用、防灾用传感器等。

2.1.4　传感器的作用与地位

随着信息技术的发展,人们的生产和生活越来越离不开对信息资源的开发和获取、传输及处理。传感器处于被控对象和检测系统的接口位置,即检测与控制系统的首要位置。它是感知、获取与检测信息的窗口,一切研究对象与生产过程参数需要的信息,都要通过传感器获取并转换为容易传输与处理的电信号。

工程技术中的研究对象往往十分复杂,有许多问题至今难以依靠完善的理论分析和计算来解决,而必须依靠实验研究来解决。因此,由传感器作为支撑,通过测试工作积累原始数据,在工程设计和研究中是十分必要的。所以传感器的作用与地位就特别重要了。

2.1.5　传感器的发展趋势

现代科技水平的不断发展,为传感器发展创造了技术条件;反之,传感器水平的不断提高又会促进新科技成果的不断涌现和创新。两者之间相辅相成。当前传感器技术的主要发展动向是:开发新型传感器,开发新材料,实现传感器的多功能化和集成化,研究生物感官,开发仿生传感器等。

（1）新型传感器

物理现象、化学反应和生物效应是传感器工作的基本原理。因此,发现新现象与新效应是发展传感器技术的主要手段。传感器就是基于各种效应和定律进行工作的,因此人们必须不断探索具有新效应的敏感材料,研究出具有新原理的传感器器件,才能进一步研究出高性能、多功能、低成本、小型化的新型传感器。

（2）开发新材料

新型传感器敏感元件材料是研制新型传感器的重要物质基础,因此,开发新型传感器敏感元件材料显得十分重要。近年来,人们对传感器材料的研究取得了较大的进步,主要有:从单晶体到多晶体、非晶体,从单一型材料到复合材料,以及原子（分子）型材料的人工合成等。用复杂材料来制造性能更加良好的传感器是今后的发展趋势。

（3）传感器的多功能化和智能化

智能传感器是传统传感器与微处理器智能化的结合，是兼有信息检测与信息处理功能的传感器。智能传感器充分利用微处理器的计算和存储的能力，对传感器的数据进行处理和调节，使数据有效性更强。

多功能传感器能转换两种以上的不同物理量。如日本丰田研究所开发出能同时检测Na^+、K^+和H^+等多种离子的传感器。这种传感器可同时快速检测出一滴血中Na^+、K^+、H^+的浓度，适用医院临床，使用非常方便。催化金属栅与MOSFEJ相结合的气体传感器已广泛应用于检测氧、氨、乙醇、乙烯和一氧化碳等。

（4）仿生传感器的研究

仿生传感器是模拟人的感觉器官的传感器，主要有：视觉传感器、嗅觉传感器、听觉传感器、触觉传感器、味觉传感器等。这种传感器是近年来生物医学和电子学、工程学相互渗透而发展起来的一种新型传感器，在机器人技术向智能化发展的今天起着非常重要的作用。

2.2　传感器特性

传感器的特性是指传感器所特有性质的总称。传感器的基本特性是指系统的输入-输出关系特性，即系统输出信号$y(t)$与输入（被测物理量）信号$x(t)$之间的关系，也就是传感器的输出与输入之间的关系特性，或者输入量和输出量的对应关系。本节从静态和动态角度研究输入-输出特性。静态特性是指当输入量为常量或变化极慢时传感器的输入-输出特性，动态特性是指当输入量随时间变化时传感器的输入-输出特性。

2.2.1　传感器的静态特性

传感器在稳态信号[$x(t)$＝常量]作用下，其输入-输出关系称为静态特性。衡量传感器静态特性的性能指标是线性度、分辨率、迟滞特性、灵敏度、重复性和稳定性。

1. 线性度

传感器的线性度是指传感器的输出与输入之间的线性程度。传感器的输入-输出关系或多或少地存在非线性问题，实际上，其输出量和输入量之间的关系（不考虑迟滞、蠕变等因素）如式（2-1）所示。

$$y = a_0 + a_1 x + a_2 x^2 + \cdots + a_n x^n \tag{2-1}$$

式中，y为输出量；x为输入量；a_0为零点输出；a_1为理论灵敏度；$a_2, a_3, \cdots, a_n$为非线性项系数。由式（2-1）可知，如果$a_0 = 0$，则表示静态特性曲线通过原点，此时静态特性由线性项（$a_1 x$）和非线性项（$a_2 x^2 + \cdots + a_n x^n$）叠加而成，一般可分为以下四种典型情况。

① 理想线性[见图 2-2(a)] $y = a_1 x$

② 具有x奇次阶项的非线性[见图 2-2(b)] $y = a_1 x + a_3 x^3 + a_5 x^5 + \cdots$

③ 具有x偶次阶项的非线性[见图 2-2(c)] $y = a_1 x + a_2 x^2 + a_4 x^4 + \cdots$

④ 具有x奇、偶次阶项的非线性[见图 2-2(d)] $y = a_1 x + a_2 x^2 + \cdots + a_n x^n$

在实际使用非线性传感器时，如果非线性项的次数不高，则在输入量变化范围不大的条件下，可以用切线或割线等直线近似代替实际静态特性曲线的某一段，使传感器的静态特性接近线性。这种方法称为传感器非线性特性的线性化，所采用的直线称为拟合直线。

在采用直线拟合线性化时，输入-输出的校正曲线与拟合直线之间的最大偏差与满量程输出的比值（以百分比表示），称为非线性误差，通常用γ_L来表示，如式（2-2）所示。

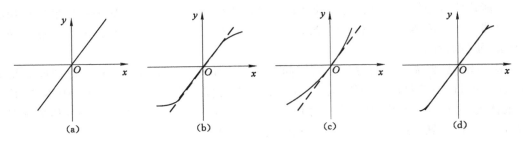

图 2-2　传感器的四种典型静态特性

$$\gamma_{\mathrm{L}} = \pm \frac{\Delta L_{\max}}{y_{\mathrm{FS}}} \times 100\% \qquad (2-2)$$

式中，$\Delta L_{\max}$ 为非线性最大偏差；y_{FS} 为满量程输出。

由此可见，非线性误差的大小是以一定的拟合直线为基准而得出来的。拟合直线不同，非线性误差也不同。所以选择拟合直线的主要出发点是要获得最小的非线性误差，另外还需考虑计算是否方便等。目前常用的拟合方法有：① 理论拟合；② 过零旋转拟合；③ 端点拟合；④ 端点平移拟合；⑤ 最小二乘法拟合。前四种方法如图 2-3 所示，图中实线为实际输出的校正曲线，虚线为拟合直线。

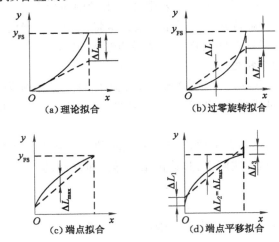

图 2-3　各种直线拟合方法

在图 2-3(a)中，拟合直线为传感器的理想的线性特性，它是一条通过零点的直线(图中的虚直线)，与实际测试值无关。这种方法十分简便，但通常 $\Delta L_{\max}$ 很大。

图 2-3(b)所示为过零旋转拟合，常用于矫正曲线过零传感器。拟合时，使 $\Delta L_1 = \Delta L_{\max}$。这种方法比较简单，其非线性误差比第一种小得多。

图 2-3(c)中，将测量数据中的两个端点连线作为拟合直线。这种方法简单，但通常 $\Delta L_{\max}$ 很大。

图 2-3(d)在图 2-3(c)的基础上使直线平移，平移距离为原来 $\Delta L_{\max}$ 的一半。矫正曲线分布于拟合直线的两端，$\Delta L_1 = \Delta L_2 = \Delta L_3 = \Delta L_{\max}$。与图 2-3(c)相比，非线性误差减小了 $\frac{1}{2}$，提高了精度。

2. 灵敏度

传感器输出的变化量 Δy 与引起该变化量的输入变化量 Δx 之比是其静态灵敏度，其表达式为 $S = \dfrac{\Delta y}{\Delta x}$。

由此可见，传感器校准曲线的斜率就是其灵敏度，线性传感器的特性曲线斜率处处相等，灵敏度 S 是一个常数。以拟合直线作为特性曲线的传感器，也可以认为其灵敏度是一个常数，其值与输入量的变化无关。

从灵敏度的定义可以得出灵敏度反映的是单位被测量的变化所引起传感器输出量的变化量。很明显，灵敏度 S 值越高，传感器对变化量越敏感。

3. 迟滞特性

传感器在正（输入量增大）反（输入量减小）行程中输出-输入特性曲线不重合的现象称为迟滞，迟滞特性曲线如图 2-4 所示。

迟滞大小一般由实验方法测得。迟滞误差一般以正反行程间输出的最大差值与满量程输出的比值的百分数表示，即 $\gamma_H = \dfrac{\Delta H_{max}}{y_{FS}} \times 100\%$，$\Delta H_{max}$ 为正反行程间输出量的最大差值。从迟滞特性曲线可以看出：当输入量相同但所采用的行程方向不同时，其输出信号的大小却不相同。产生这种现象的主要原因是传感器机械部分存在不可避免的缺陷，使得不同变化方向的同一输入量得不到相同的输出量。

4. 重复性

重复性是指传感器在输入按同一方向作全量程连续多次变动时所得特性曲线不一致的程度。

图 2-5 所示为校正曲线的重复性，正行程的最大重复性偏差为 ΔR_{max1}，反行程的最大重复性偏差为 ΔR_{max2}。取这两个最大偏差中较大者 ΔR_{max}，重复性误差以 ΔR_{max} 与满量程输出的比值的百分数表示，即 $\gamma_R = \pm \dfrac{\Delta R_{max}}{y_{FS}} \times 100\%$。

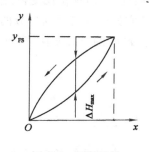

图 2-4　迟滞特性

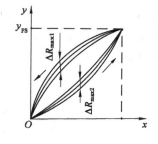

图 2-5　重复性

5. 分辨率

分辨率是指传感器能检测到的最小输入增量。有些特殊的传感器如电位器式传感器，当输入量连续变化时，输出量只做阶梯变化，则分辨率就是输出量的每一个阶梯所代表的输入量的大小。

分辨率可用增量的绝对值表示，也可用增量与满量程的百分比表示，分辨率反映的是传感器的精度。

6. 稳定性

稳定性是指传感器在长时间工作情况下输出量发生的变化情况。稳定性又称长期稳定性，通常是在室温条件下，经过一定工作时间间隔后，用传感器的输出与起始标定时的输出之间的差值来表示。稳定性可以用相对误差来表示，也可以用绝对误差来表示。

2.2.2 传感器的动态特性

传感器的动态特性是指输入量随时间变化时传感器的响应特性。由于传感器的惯性和滞后性，当被测量随时间变化时，传感器的输出往往来不及达到平衡状态，处于动态过渡过程，因此传感器的输出量也是时间的函数，变化关系要用动态特性来表示。一个动态特性好的传感器，其输出能再现输入量的变化规律，即具有相同的时间函数。但是实际的输出信号不会与输入信号有相同的时间函数，二者之间存在动态误差。

研究动态特性可以从时域和频域两个方面采用瞬态响应法和频率响应法来分析。由于输入信号的时间函数是多种多样的，在时域内研究传感器的响应特性时，只能研究几种特定的输入时间函数，如研究阶跃函数、脉冲函数、斜坡函数以及正弦函数作为标准输入信号时的动态响应。

1. 传感器的基本动态特性方程

传感器的动态特性一般都可以用微分方程来描述，如式(2-3)所示。

$$a_n \cdot \frac{\mathrm{d}^n y}{\mathrm{d}t^n} + a_{n-1} \cdot \frac{\mathrm{d}^{n-1} y}{\mathrm{d}t^{n-1}} + \cdots + a_1 \cdot \frac{\mathrm{d}y}{\mathrm{d}t} + a_0 y$$

$$= b_m \cdot \frac{\mathrm{d}^m x}{\mathrm{d}t^m} + b_{m-1} \cdot \frac{\mathrm{d}^{m-1} x}{\mathrm{d}t^{m-1}} + \cdots + b_1 \cdot \frac{\mathrm{d}x}{\mathrm{d}t} + b_0 x \tag{2-3}$$

式中，x 为输入量；y 为输出量；$a_0, a_1, \cdots, a_n, b_0$ 及 $b_1, \cdots, b_m$ 为与传感器的结构特性有关的常系数。理论上可以用式(2-3)确定测量系统的输出与输入的关系，但是对于一个复杂系统，微分方程的求解不是一件容易的事。因此，在工程应用中，通常采用一些足以反映系统动态特性的函数，用该函数将系统的输出与输入联系起来。这些函数有传递函数、频率响应函数等。

2. 传递函数

在工程应用中，为了计算分析方便，通常采用拉普拉斯变换(简称拉氏变换)来研究线性微分方程。对式(2-3)取拉氏变换，并认为 $x(t)$ 和 $y(t)$ 及它们的各阶时间导数的初值($t = 0$)为零，则得系统输出量 $y(t)$ 的拉氏变换 $Y(s)$ 与输入量 $x(t)$ 的拉氏变换 $X(s)$ 之比，记为 $H(s)$，即式(2-4)和式(2-5)。

$$H(s) = \frac{Y(s)}{X(s)} \tag{2-4}$$

或
$$\frac{Y(s)}{X(s)} = \frac{b_m s^m + b_{m-1} s^{m-1} + \cdots + b_1 s + b_0}{a_n s^n + a_{n-1} s^{n-1} + \cdots + a_1 s + a_0} \tag{2-5}$$

由式(2-5)可知，其分母是传感器的特征多项式，由它来决定系统的"阶"数。对某一定常系统，当微分方程已知时，只要把方程中各阶导数用相应的 s 变量来替换，即可求得传感器的传递函数。大多数传感器的动态特性都可归属于零阶、一阶和二阶系统，尽管实际上存在更高阶的复杂系统，但在一定的条件下，都可以用这三种系统的组合来进行分析。零阶系统即式(2-3)中的系数除了 a_0、b_0 之外，其他的均为零，则微分方程就变成简单的代数方程。零阶系统具有理想的动态特性，无论被测量 $x(t)$ 如何随时间变化，都不会失真，在时间上也无任何滞后，所以零阶系统又称为比例系统。一阶系统即式(2-3)中的系数除了 a_0、a_1、b_0 之外，其他的均为零。一阶系统又称为惯性系统，不带保护套管的热电偶测温系统、电路中常用的阻容滤波器等均可以看作一阶系统。二阶系统即式(2-3)中的系数除了 a_0、a_1、a_2、b_0 之外，其他的均为零。带有保护套管的热电偶、电磁式的动圈仪表及 RLC 振荡电路等均可看作二阶系统。

3. 频率响应函数

对于稳定的常系数线性系统，可用傅立叶变换代替拉氏变换，可得式(2-6)。

$$H(j\omega) = \frac{Y(j\omega)}{X(j\omega)} = \frac{b_m\ (j\omega)^m + b_{m-1}\ (j\omega)^{m-1} + \cdots + b_1(j\omega) + b_0}{a_n\ (j\omega)^n + a_{n-1}\ (j\omega)^{n-1} + \cdots + a_1(j\omega) + a_0}$$

$$X(j\omega) = \int_0^\infty x(t)e^{-j\omega t}dt, Y(j\omega) = \int_0^\infty y(t)e^{-j\omega t}dt \tag{2-6}$$

$H(j\omega)$ 称为频率响应函数，简称频率响应或频率特性。它是一个复数函数，可以用指数形式表示，即 $H(j\omega) = A(\omega)e^{j\varphi(\omega)}$。$A(\omega)$ 为 $H(j\omega)$ 的模，$\varphi(\omega)$ 为 $H(j\omega)$ 的相位角。

$$A(\omega) = |H(j\omega)| = \sqrt{[H_R(\omega)]^2 + [H_I(\omega)]^2} \tag{2-7}$$

$$\varphi(\omega) = \arctan H(j\omega) = -\arctan\frac{H_I(\omega)}{H_R(\omega)} \tag{2-8}$$

由两个频率响应分别为 $H_1(j\omega)$、$H_2(j\omega)$ 的定常系数线性系统串联而成的总系统，如果后一系统对前一系统没有影响，那么，描述整个系统的频率响应 $H(j\omega)$ 和幅频特性 $A(\omega)$、相频特性 $\varphi(\omega)$ 为式(2-9)所列。

$$\left. \begin{array}{l} H(j\omega) = H_1(j\omega)H_2(j\omega) \\ A(\omega) = A_1(\omega)A_2(\omega) \\ \varphi(\omega) = \varphi_1(\omega) + \varphi_2(\omega) \end{array} \right\} \tag{2-9}$$

常系数线性测量系统的频率响应 $H(j\omega)$ 只是频率的函数，与时间、输入量没有关系。若系统为非线性的，则 $H(j\omega)$ 与输入有关。若系统是非常系数的，则 $H(j\omega)$ 还与时间有关。

2.3　测量数据处理

通过测量可以得到一系列的原始数据，这些数据是认识事物内在规律、研究事物相互关系和预测事物发展趋势的重要依据。但这仅仅是第一步工作，任何测量都不可能绝对准确，都存在误差，只要误差在允许范围内即可认为符合标准。如何对数据进行科学的处理，去粗取精，去伪存真，从中提取能反映事物本质和运动规律的有用信息是本节研究的主要内容。

所谓测量误差，是指测量输出值与理论输出值的差值。为了满足一定的精度要求，必须明确误差的种类，分析误差产生的原因，研究减少误差的方法。

2.3.1　测量误差的基本概念

1. 真值

真值即真实值，是指在一定时间和空间条件下，被测物理量客观存在的实际值。它是一个理想的概念，一般是无法得到的。一般说的真值是指理论真值、约定真值和相对真值。

理论真值：理论真值也叫绝对真值。

约定真值：约定真值是一个接近真值的值，它与真值之差可忽略不计。

相对真值：又称实际值，是指计量器具按精度不同分为若干等级，上一等级的指示值即为下一等级的真值，此真值称为相对真值。

2. 误差

测量结果与被测量真值之差称为测量误差。其定义为测量结果减去被测量的真值,即 $\Delta x = x - x_0$。其中,Δx 为测量误差(又称真误差);x 为测量结果(由测量所得到的被测量值);x_0 为被测量的真值。

3. 误差的表示方法

误差可以用以下几种方法来表示。

(1)绝对误差

绝对误差 Δx 是指测量值 x 与真值 x_0 之差,可表示为:绝对误差=测量值-真值。绝对误差反映系统示值偏离真值的情况,其值可正可负,具有和被测量相同的量纲。

(2)相对误差

相对误差是指绝对误差与真值之比,通常用百分数来表示,即式(2-10)。

$$相对误差 = \frac{绝对误差}{真值} \times 100\% \tag{2-10}$$

(3)引用误差

引用误差用测量仪器的绝对误差与仪器的满量程的百分比表示,即式(2-11)。

$$\gamma_m = \frac{\Delta x}{x_m} \times 100\% \tag{2-11}$$

2.3.2 测量数据处理中的几个问题

1. 最小二乘法的应用

最小二乘法是处理实验数据的重要方法。它在误差理论中的基本含义是:在具有等精度的多次测量中,最可靠值是当各观测值的残差平方和为最小时所求得的值。设对某被测量进行了 n 次重复测量,测量值为 $x_1, x_2, \cdots, x_n$,则被测量的最佳估计值 $\hat{x}$ 应使残差 $\nu_i = x_i - x$ 的平方和为最小,即式(2-12)所列。

$$S\big|_{\hat{x} = \hat{x}_{opt}} = \sum_{i=1}^{n} \nu_i^2 = \sum_{i=1}^{n} (x_i - x)^2 \tag{2-12}$$

这一使残差平方和为最小的原则称为最小二乘法原理。对式(2-12)求解可得

$$\hat{x}_{opt} = \frac{1}{n} \sum_{i=1}^{n} x_i \tag{2-13}$$

式(2-13)表明,一组测量数据的最佳估计值就是其算术平均值,这与随机误差分析中的无偏估计值是一致的。

2. 回归分析

在工程实践中,经常会发现实验数据中的变量之间存在密切的关系,但无法建立函数关系。通常有效的方法是把数据进一步整理成线图或经验公式,用经验公式拟合数据,工程上把这种方法称为回归分析。回归分析通过对大量测量数据进行处理,应用数理统计的方法,得出各变量之间的比较符合事物规律的数学表达式(也称为回归方程)。

当变量 y 和 x 之间存在某种函数关系时,已得到的数据为:$(x_1, y_1), (x_2, y_2), \cdots, (x_n, y_n)$,要求建立 y 和 x 之间的最佳函数关系式 $y = f(x)$。如果两个变量之间的关系是线性关系,则称为直线拟合或一元线性回归;若两个变量之间的关系是非线性关系,则称为曲线拟合或一元非线性回归。对于典型的曲线方程,可通过曲线化直法转换为直线方程进行拟合。

当经验公式为线性函数时，如 $y = b_0 + b_1 x_1 + b_2 x_2 + \cdots + b_n x_n$ 时，若独立变量只有 1 个，此时函数关系变为 $y = b_0 + bx$，此直线方程就称为上述测量数据的拟合方程。所谓直线拟合，实际上就是根据一系列测量数据通过数学处理得到相应的直线方程，更确切地说是要求得直线方程中的两个常数 b_0 和 b。拟合方法通常有以下几种。

（1）端点连线法

将测量数据的两个端点测量值 (x_1, y_1) 和 (x_n, y_n) 代入方程 $y = b_0 + bx$ 中，从而求常数 b_0 和 b。更确切地说就是用两个端点连接成的直线来替代所有的测量数据，代入后得式(2-14)。

$$\left. \begin{array}{l} y_1 = b_0 + bx_1 \\ y_n = b_0 + bx_n \end{array} \right\} \tag{2-14}$$

联立两个方程求解，得式(2-15)。

$$\left. \begin{array}{l} b = \dfrac{y_n - y_1}{x_n - x_1} \\ b_0 = y_n - bx_n \end{array} \right\} \tag{2-15}$$

将求得的 b_0 和 b 代入 $y = b_0 + bx$，即得到端点连线法拟合的方程。

（2）平均法

将全部测量数据代入方程 $y = b_0 + bx$ 中，得一组方程

$$\left. \begin{array}{l} y_1 = b_0 + bx_1 \\ y_2 = b_0 + bx_2 \\ \vdots \\ y_n = b_0 + bx_n \end{array} \right\}$$

然后将方程组平均分为两组，前半组 M 个和后半组 M 个 [n 为偶数时，$M = n/2$；n 为奇数时，$M_{前} = (n+1)/2$，$M_{后} = (n-1)/2$]，分别相加后得式(2-16)、式(2-17)和式(2-18)。

$$\left. \begin{array}{l} \displaystyle\sum_{i=1}^{M_{前}} y_i = M_{前} b_0 + b_1 \sum_{i=1}^{M_{前}} x_i \\ \displaystyle\sum_{i=M_{前}+1}^{n} y_i = M_{后} b_0 + b_1 \sum_{i=M_{前}+1}^{n} x_i \end{array} \right\} \tag{2-16}$$

$$\left. \begin{array}{l} \bar{y}_{M_{前}} = b_0 + b_1 \bar{x}_{M_{前}} \\ \bar{y}_{M_{后}} = b_0 + b_1 \bar{x}_{M_{后}} \end{array} \right\} \tag{2-17}$$

$$\bar{y}_{M_{后}} = \frac{\displaystyle\sum_{i=M_{前}+1}^{n} y_i}{M_{后}}, \bar{x}_{M_{后}} = \frac{\displaystyle\sum_{i=M_{前}+1}^{n} x_i}{M_{后}}$$

$$\bar{y}_{M_{前}} = \frac{\displaystyle\sum_{i=1}^{M_{前}} y_i}{M_{前}}, \bar{x}_{M_{前}} = \frac{\displaystyle\sum_{i=1}^{M_{前}} x_i}{M_{前}}$$

$$\left. \begin{array}{l} b_1 = \dfrac{\bar{y}_{M_{后}} - \bar{y}_{M_{前}}}{\bar{x}_{M_{后}} - \bar{x}_{M_{前}}} \\ b_0 = \bar{y}_{M_{前}} - b_1 \bar{x}_{M_{前}} \end{array} \right\} \tag{2-18}$$

将式(2-18)代入方程 $y = b_0 + bx$ 中，可得用平均法拟合的线性方程。

第3章 基础性实验

3.1 金属箔式应变片性能实验

3.1.1 实验目的

① 了解金属箔式应变片的应变效应。

② 了解单臂电桥、双臂电桥和全桥的工作原理与性能。

③ 比较单臂电桥、半臂电桥、全桥输出时的灵敏度和非线性度,得出相应的结论。

3.1.2 实验仪器

应变传感器实验模块、托盘、20 g 砝码(10 个)、电压表、± 15 V 和 ± 4 V 电源、万用表(自备)。

3.1.3 实验原理

(1) 电阻应变效应

电阻丝在外力作用下发生机械变形时,其电阻值发生变化,这就是电阻应变效应,描述电阻应变效应的关系式为 $\dfrac{\Delta R}{R} = k \cdot \varepsilon$。其中,$\Delta R/R$ 为电阻丝电阻相对变化量;k 为应变灵敏系数;$\varepsilon = \Delta l / l$ 为电阻丝长度相对变化量。

一根长度为 l、横截面积为 S、电阻率为 ρ 的金属电阻丝,未受力时电阻为 $R = \rho/S$,当电阻丝受到拉力 F 作用时,长度增加 Δl,横截面积减小 ΔS,电阻率因晶格发生变形等因素改变 $\Delta \rho$,故引起电阻值变化 ΔR。对 $R = \rho/S$ 全微分,并用相对变化量来表示,则有式(3-1)。

$$\frac{\Delta R}{R} = \frac{\Delta l}{l} - \frac{\Delta S}{S} + \frac{\Delta \rho}{\rho} \tag{3-1}$$

式中,$\Delta l/l$ 是电阻丝的轴向应变。因 $S = \pi r^2 = \pi d^2/4$(r 为金属丝半径,d 为金属丝直径),则 $\Delta S/S = 2\Delta d/d$,其中 $\Delta d/d$ 为径向应变,由材料力学有关知识可知 $\Delta d/d = -\mu(\Delta l/l) = -\mu\varepsilon$,其中 μ 为电阻材料的泊松比,将其代入式(3-1),可得 $\Delta R/R = (1+2\mu)\varepsilon + \Delta \rho/\rho$。则应变灵敏系数如式(3-2)所示。

$$k = \frac{\Delta R/R}{\varepsilon} = (1+2\mu) + \frac{\Delta \rho/\rho}{\varepsilon} \tag{3-2}$$

由式(3-2)可见,金属丝应变灵敏系数 k 主要由材料的几何尺寸决定,即 $(1+2\mu)$ 项;另一项由受力作用后材料的电阻率 ρ 发生变化而引起,即 $(\Delta \rho/\rho)/\varepsilon$ 项。

由于压力正比于应变,应变又与电阻变化率成正比,因此通过弹性元件可将位移、压力、振动等物理量转换为应力、应变进行测量,这就是应变式传感器测量应变的基本原理。

金属箔式应变片是通过光刻、腐蚀等工艺制成的应变敏感组件。如图 3-1 所示,将 4 个金属箔式应变片分别贴在双孔悬臂梁式弹性体的上、下两侧,弹性体受到压力作用发生形变,应变片随弹性体形变被拉伸或被压缩,通过这些应变片可转换弹性体被测部位受力状态变化情况,再利用惠斯通电桥电路将电阻的变化量转换成电压的变化量。

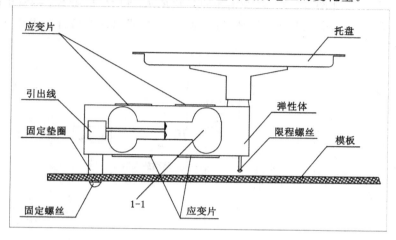

图 3-1　双孔悬臂梁式称重传感器结构图

单臂电桥的电路形式如图 3-2 所示,$R_5 = R_6 = R_7 = R$ 为固定电阻,R_1 为应变片,电桥平衡时输出电压为 U_o,可得式(3-3)。

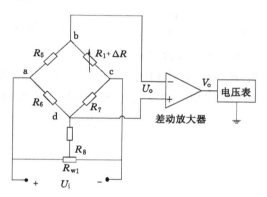

图 3-2　单臂电桥电路

$$U_o = U_{bd} = U_{bc} + U_{cd}$$

$$U_{bc} = \frac{R_1 U_i}{R_5 + R_1}, U_{cd} = \frac{-U_i R_7}{R_6 + R_7}$$

$$U_o = \frac{R_1 U_i}{R_5 + R_1} + \frac{-U_i R_7}{R_6 + R_7} = \frac{R_1 R_6 - R_5 R_7}{(R_5 + R_1)(R_6 + R_7)} U_i \tag{3-3}$$

初始时刻,$R_1 = R_5 = R_6 = R_7 = R$,电桥平衡,$U_o = 0$ V。

当应变片受力产生应变时,其电阻变化量为 ΔR,根据式(3-3)得到输出电压为式(3-4)。

$$U_o = \frac{R \Delta R}{2R(2R + \Delta R)} U_i \tag{3-4}$$

通常 $\Delta R \ll R$，所以 $U_o = \dfrac{U_i}{4} \dfrac{\Delta R}{R}$。

因此，单臂电桥的灵敏度 $k = \dfrac{U_i}{4}$。

双臂电桥的电路如图 3-3 所示，选用相同规格的 R_1 和 R_2 应变片，一个受拉力、一个受压力，接在电桥的相邻两个臂。R_6 和 R_7 为普通电阻，构成另两个桥臂。根据式（3-3）输出电压如式（3-5）所示。

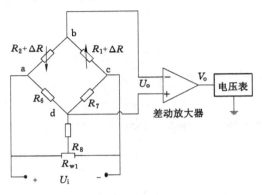

图 3-3　双臂电桥电路

$$U_o = \frac{E \cdot k \cdot \varepsilon}{2} = \frac{U_i}{2} \cdot \frac{\Delta R}{R} \tag{3-5}$$

因此，双臂电桥的灵敏度为 $k = \dfrac{U_i}{2}$，双臂电桥输出电压与应变片阻值变化率呈线性关系，电桥输出灵敏度提高，非线性得到改善。

全桥测量电路中，R_1、R_2、R_3、R_4 为相同规格的应变片。R_1 和 R_3 受到拉力，R_2 和 R_4 受到压力。将受力性质相同的两只应变片接到电桥的对边，不同受力方向的应变片接入邻边，如图 3-4 所示，根据式（3-3），输出电压 $U_o = U_i \cdot \dfrac{\Delta R}{R}$。

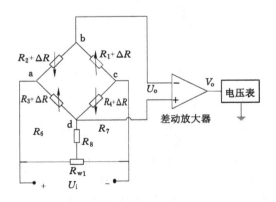

图 3-4　全桥电路

因此，全桥电路的灵敏度 $k = U_i$，全桥电路输出灵敏度比双臂电桥电路又提高一倍，非线性误差得到进一步改善。

3.1.4　实验步骤

（1）单臂电桥性能实验

① 将应变传感器上的各应变片分别接到应变传感器模块左上方的 R_1、R_2、R_3、R_4 上，可用万用表测量判别阻值，得到 $R_1 = R_2 = R_3 = R_4 = 350\ \Omega$。

② 差动放大器调零。从主控台接入 $\pm 15\ V$ 电源，检查无误后，合上主控台电源开关，将差动放大器的输入端 U_i 短接并与地短接，输出端 U_{o2} 接直流电压表（选择 2 V 挡）。将电位器 R_{w4} 调到增益最大位置（顺时针转到底），调节电位器 R_{w3} 使电压表显示为 0 V。关闭主控台电源（R_{w3} 的位置确定后不能改动）。

③ 按图 3-5 连线，将应变式传感器的其中一个应变电阻（如 R_1）接入电桥与 R_5、R_6、R_7 构成一个单臂直流电桥。

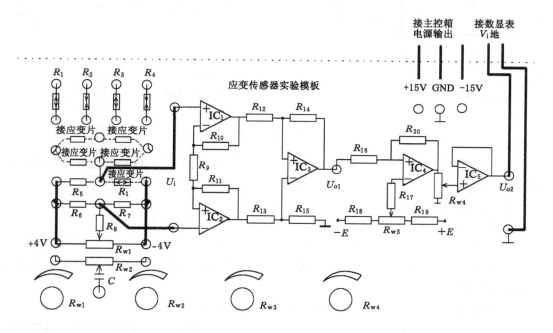

图 3-5　单臂电桥面板接线图

④ 加托盘后将电桥调零。电桥输出接到差动放大器的输入端 U_i，检查接线无误后，合上主控台电源开关，预热 5 min，调节 R_{w1} 使电压表显示为零。

⑤ 在应变传感器托盘上放置一只砝码，读取电压表数值，依次增加砝码和读取相应的电压值，直到 200 g 砝码加完，记下实验结果，填入附表 4-1 中的表 1。

（2）双臂电桥性能实验

① 将应变传感器安装在应变传感器实验模块上，可参考图 3-1。

② 差动放大器调零，参考单臂电桥性能实验步骤②。

③ 按图 3-6 接线，将受力方向相反（一只受拉，一只受压）的两只应变片（如 R_1 和 R_2）接入电桥的邻边。

④ 加托盘后将电桥调零，参考单臂电桥性能实验步骤④。

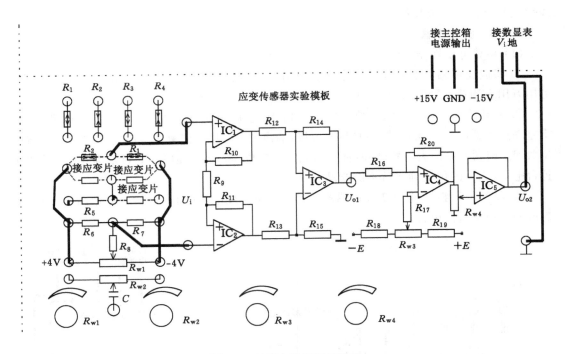

图 3-6　双臂电桥面板接线图

⑤ 在应变传感器托盘上放置一只砝码,读取电压表数值,依次增加砝码并读取相应的电压值,直到 200 g 砝码加完,记下实验结果,填入附表 4-1 中的表 2。

（3）全桥性能实验

① 将应变传感器安装在应变传感器实验模块上,可参考图 3-1。

② 将差动放大器调零,参考单臂电桥性能实验步骤②。

③ 按图 3-7 接线,将受力相反(一组受拉,一组受压)的两组应变片(R_1 和 R_2,R_3 和 R_4)分别接入电桥的邻边。

④ 加托盘后将电桥调零,参考单臂电桥性能实验步骤④。

⑤ 在应变传感器托盘上放置一只砝码,读取电压表数值,依次增加砝码并读取相应的电压值,直到 200 g 砝码加完,记下实验结果,填入附表 4-1 中的表 3。

3.1.5　注意事项

实验所采用的弹性体为双孔悬臂梁式称重传感器,量程为 1 kg,最大超程量为 120%。因此,加在传感器上的压力不应过大,以免造成应变传感器的损坏!

3.1.6　实验报告

完成附录部分实验报告,见附表 4-1。

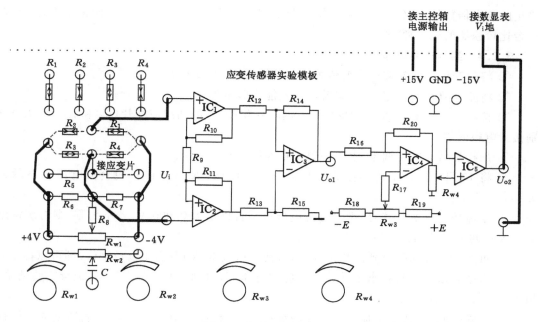

图 3-7　全桥面板接线图

3.2　直流全桥的应用——电子秤实验

3.2.1　实验目的

① 了解直流全桥的应用及电路的定标。

② 理解电子秤传感器应用系统的功能和相关应变片结构与电路之间的关系。

3.2.2　实验仪器

应变传感器实验模块、托盘、20 g 砝码(10 个)、直流电压表、±15 V 和±4 V 电源。

3.2.3　实验原理

电子秤实验原理与全桥测量电路原理相同,如图 3-8 所示。通过调节放大电路对电桥

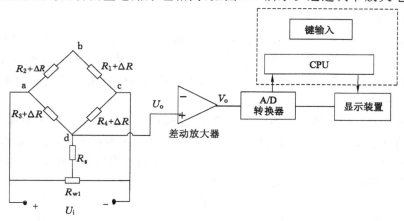

图 3-8　数字电子秤原理框图

输出的放大倍数使电路输出电压值为质量的对应值,将电压量纲(V)改为质量量纲(g)即为一台比较原始的电子秤。

3.2.4 实验内容与步骤

① 将应变传感器安装在应变传感器实验模块上,可参考图 3-1。

② 将差动放大器调零,参考单臂电桥性能实验步骤②。

③ 按图 3-7 接线,将受力相反(一组受拉,一组受压)的两组应变片(R_1 和 R_2,R_3、R_4)分别接入电桥的邻边。

④ 加托盘后将电桥调零,参考单臂电桥性能实验步骤④。

⑤ 将 10 只砝码置于传感器的托盘上,调节电位器 R_{w4}(取样),使直流电压表显示为 0.200 V(2 V 挡测量)。

⑥ 拿掉托盘上所有砝码,观察直流电压表是否显示为 0.000 V,若不为零,则再次将差动放大器调零以及加托盘后将电桥调零。

⑦ 重复⑤、⑥步骤,直到读数精确为止,把电压量纲(V)改为质量量纲(g)即可以称重。

⑧ 将砝码依次放到托盘上并读取相应的电压值,直到 200 g 砝码加完,记录实验结果,填入附表 4-2 中的表 1。

⑨ 去除砝码,在托盘上加一个未知的重物(不要超过 1 kg),记录电压表的读数。根据实验数据,求出重物的质量。

3.2.5 实验报告

完成附录部分实验报告,见附表 4-2。

3.3 扩散硅压阻式压力传感器的压力测量实验

3.3.1 实验目的

① 了解扩散硅压阻式压力传感器测量压力的原理与方法。

② 了解压阻式传感器的工作原理。

3.3.2 实验仪器

压力传感器模块、温度传感器模块、电压表、直流稳压源(+5 V、±15 V)。

3.3.3 实验原理

在具有压阻效应的半导体材料上用扩散或离子注入法,摩托罗拉公司设计出的 X 形硅压力传感器如图 3-9 所示:在单晶硅膜片表面形成 4 个阻值相等的电阻条,并将它们连接成惠斯通电桥,电桥电源端和输出端引出,用制造集成电路的方法将其封装起来,制成扩散硅压阻式压力传感器。

扩散硅压阻式压力传感器的工作原理:在 X 形硅压力传感器的电源端加偏置电压形成电流 i,当敏感芯片没有外加压力作用时,内部电桥处于平衡状态,当有剪切力作用时,在垂直电流方向将会产生电场变化($E = \Delta\rho \cdot i$),该电场的变化引起电位变化,则在与电流方向垂直的两侧得到输出电压 U_o,如式(3-6)所示。

$$U_o = d \cdot E = d \cdot \Delta\rho \cdot i \tag{3-6}$$

式中,d 为元件两端距离;$\Delta\rho$ 为电阻率的变化量。实验接线如图 3-10 所示,MPX10 有 4 个引出脚,1 脚接地、2 脚为 U_o^+、3 脚接 +5 V 电源、4 脚为 U_o^-。当 $p_1 > p_2$ 时,输出为正;当

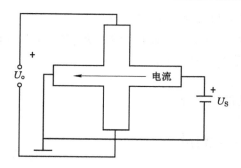

图 3-9　扩散硅压力传感器原理图

$p_1 < p_2$ 时,输出为负(p_1 与 p_2 为传感器的两个气压输入端所产生的压强)。

四、实验内容与步骤

① 接入 +5 V、±15 V 直流稳压电源,模块输出端 U_{o2} 接控制台上直流电压表,选择 20 V 挡,打开实验台总电源。

② 调节 R_{w3} 到适当位置并保持不动,用导线将差动放大器的输入端 U_i 短路,然后调节 R_{w2} 使直流电压表 200 mV 挡显示为零,取下短路导线。

③ 气室 1、2 的两个活塞退回到刻度"17"的小孔后,使两个气室的压力相对大气压均为 0,气压计指在"零"刻度处,将 MPX10 的输出接到差动放大器的输入端 U_i(见图 3-10),调节 R_{w1} 使直流电压表 200 mV 挡显示为零。

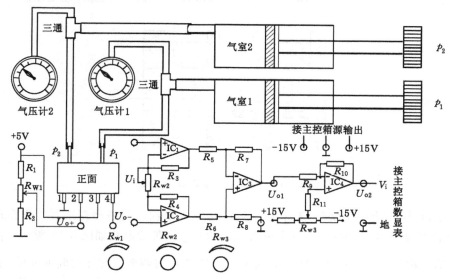

图 3-10　扩散硅压力传感器接线图

④ 保持负压力输入 p_2 为零不变,增大正压力输入 p_1 到 10 kPa,每隔 5 kPa 记下模块输出电压值 U_{o2},直到 p_1 达到 95 kPa,填入附表 4-3 表 1 中。

⑤ 保持正压力输入 p_1 为 95 kPa 不变,增大负压力输入 p_2,从 10 kPa 每隔 5 kPa 记下模块输出电压值 U_{o2},直到 p_2 达到 95 kPa,填入附表 4-3 表 2 中。

⑥ 保持负压力输入 p_2 为 95 kPa 不变,减小正压力输入 p_1,每隔 5 kPa 记下模块输出电

压值 U_{o2}，直到 p_1 为 5 kPa，填入附表 4-3 表 3 中。

⑦ 保持负压力输入 p_1 为零，减小正压力输入 p_2，每隔 5 kPa 记下模块输出电压值 U_{o2}，直到 p_2 为 5 kPa，填入附表 4-3 表 4 中。

3.3.5 实验报告

完成附录部分实验报告，见附表 4-3。

3.4 差动变压器性能测试

3.4.1 实验目的

了解差动变压器的工作原理和特性。

3.4.2 实验仪器

差动变压器模块、测微头（千分尺）、差动变压器。

3.4.3 实验原理

差动变压器的工作原理类似变压器。其结构如图 3-11 所示，差动变压器由一只初级线圈和两只次级线圈及一个铁芯组成。铁芯连接被测物体，移动线圈中的铁芯，由于初级线圈和次级线圈之间的互感发生变化促使次级线圈的感应电动势发生变化，一只次级线圈感应电动势增加，另一只次级线圈感应电动势则减小，将两个次级线圈反向串接（同名端连接）引出差动输出。输出的变化反映了被测物体的移动量。由于把两个二次绕组反向串接（同名端相接），以差动电势输出，因此把这种传感器称为差动变压器式电感传感器，简称差动变压器。

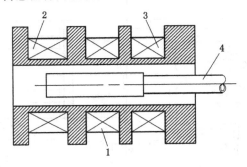

图 3-11　差动变压器的结构示意图

图 3-11 中，1 为一次绕组，2、3 为二次绕组，4 为衔铁。当差动变压器工作在理想状态下（即忽略涡流损耗、磁滞损耗、分布电容等影响），它的等效电路如图 3-12 所示。在图 3-12 中，$\dot{U}_1$ 为一次绕组激励电压，M_1、M_2 分别为一次绕组与两个二次绕组间的互感，L_1、R_1 分别为一次绕组的电感和有效电阻，L_{21}、L_{22} 分别为两个二次绕组的电感，R_{21}、R_{22} 分别为两个二次绕组的有效电阻。对于差动变压器，当衔铁处于中间位置时，两个二次绕组互感相同，因而由一次侧激励引起的电感电动势相同。由于两个二次绕组反向串接，因此差动输出电动势为零。当衔铁移向二次绕组 L_{21} 时，互感 M_1 大、M_2 小，因而二次绕组 L_{21} 内的感应电动势大于二次绕组 L_{22} 内的感应电动势，这时差动输出电动势为零。在传感器的量程内，衔铁位移越大，差动输出电动势就越大。同样道理，当衔铁移向二次绕组 L_{22} 时，差动输出电动势仍不为零，但由于移动方向改变，则输出电动势反相。因此，通过差动变压器输出电

动势的大小和相位可以知道衔铁位移量的大小和方向。由图 3-12 可以看出一次绕组的电流为 $\dot{I}_1 = \dfrac{\dot{U}_1}{R_1 + j\bar{\omega}L_1}$，二次绕组的感应电动势为式（3-7）。

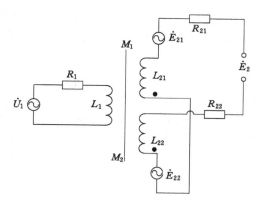

图 3-12　差动变压器的等效电路

$$\dot{E}_{21} = -j\bar{\omega}M_1\,\dot{I}_1$$

$$\dot{E}_{22} = -j\bar{\omega}M_2\,\dot{I}_1 \tag{3-7}$$

由于二次绕组反向串接，因此输出总电动势为式（3-8）。

$$\dot{E}_2 = -j\bar{\omega}(M_1 - M_2)\frac{\dot{U}_1}{R_1 + j\bar{\omega}L_1} \tag{3-8}$$

其有效值为式（3-9）。

$$E_2 = \frac{\bar{\omega}(M_1 - M_2)U_1}{\sqrt{R_1^2 + (\bar{\omega}L_1)^2}} \tag{3-9}$$

差动变压器的输出特性曲线如图 3-13 所示。图 3-13 中，$\dot{E}_{21}$、$\dot{E}_{22}$ 分别为两个二次绕组的输出感应电动势，E_2 为差动输出电动势，X 表示衔铁偏离中心位置的距离。其中 E_2 的实线部分表示理想的输出特性，而虚线部分表示实际的输出特性。$\dot{E}_0$ 为零点残余电动势，这是由于差动变压器制作过程中的不对称及铁芯位置等因素导致的。零点残余电动势的存在导致传感器的输出特性在零点附近不敏感，给测量带来了误差，其值的大小是衡量差动变压器性能好坏的重要指标。为了减小零点残余电动势可采用以下几种方法：

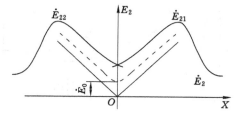

图 3-13　差动变压器输出特性

① 传感器的几何尺寸、线圈的电气参数以及磁路尽可能对称。磁性材料在使用前要消

除内部的残余应力,保证性能均匀稳定。

② 选用适当的测量电路,比如可以选用相敏整流电路,既可判断衔铁的移动方向,又可改善输出特性,减小零点残余电动势。

③ 采用补偿线路减小零点残余电动势。图 3-14 所示为典型的几种减小零点残余电动势的补偿电路。在差动变压器的线圈中串、并适当数值的电阻、电容元件,当调整 R_{w_1}、R_{w_2} 时,零点残余电动势减小。

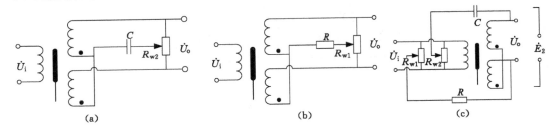

图 3-14　减小零点残余电动势的补偿电路

3.4.4　实验内容与步骤

① 根据图 3-15 将差动变压器安装在差动变压器实验模块上。

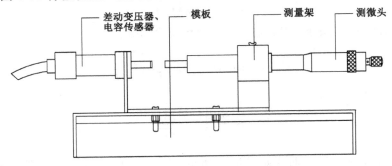

图 3-15　差动变压器安装图

② 将传感器引线插头插入实验模块的插座中,音频信号由信号源的"$U_{S1}0°$"处输出,打开主控台电源,调节音频信号的频率和幅度(用示波器监测),使输出信号频率为 4～5 kHz,幅度 V_{P-P} 为 2 V,按图 3-16 接线(1、2 接音频信号,3、4 为差动变压器输出,接放大器输入端)。

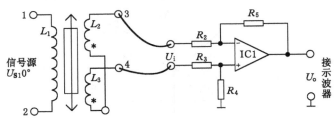

图 3-16　差动变压器模块接线图

③ 用示波器观测 U_o 的输出,旋动测微头,使示波器观测到的波形峰-峰值 V_{P-P} 为最小,

这时可以左右移动,假设其中一个方向为正位移,另一个方向为负位移,从 V_{P-P} 最小处开始旋动测微头,每隔 0.2 mm 从示波器上读出输出电压 V_{P-P} 值,填入附表 4-4 表 1 中,再从 V_{P-P} 最小处反向位移做实验,在实验过程中,注意左、右位移时初、次级波形的相位关系。

④ 实验结束后,关闭电源,整理好实验设备。

3.4.5　注意事项

① 实验过程中加在差动变压器原边的音频信号幅值不能过大,以免烧毁差动变压器传感器。

② 测微头的组成和使用。

a. 测微头组成。测微头由不可动部分安装套、轴套和可动部分测杆、微分筒、微调钮组成。

b. 测微头读数与使用。测微头的安装套便于在支架座上固定安装,轴套上的主尺有两排刻度线,一排标有数字的是整毫米刻线(1 mm/格),另一排是半毫米刻线(0.5 mm/格);微分筒前部圆周表面上刻有 50 等分的刻线(0.01 mm/格)。

用手旋转微分筒或微调钮时,测杆就沿轴线方向进退。微分筒每转过 1 格,测杆沿轴方向移动微小位移 0.01 mm,这也叫测微头的分度值。

测微头的读数方法是先读轴套主尺上露出的刻度数值,注意半毫米刻线;再读与主尺横线对准的微分筒上的数值,可以估读 1/10 分度,如图 3-17(a)所示读数为 3.678 mm,不是 3.178 mm;遇到微分筒边缘前端与主尺上某条刻度线重合时,应看微分筒的示值是否过零,如图 3-17(b)所示已过零则读 2.514 mm;如图 3-17(c)所示未过零,则不应读为 2 mm,读数应为 1.980 mm。

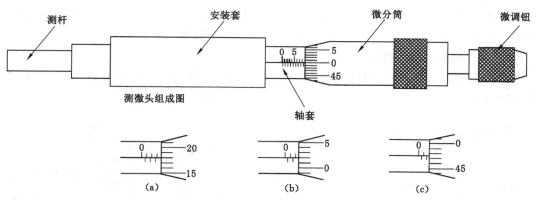

图 3-17　测微头组成与读数

测微头在实验中是用来产生位移并指示出位移量的工具。一般测微头在使用前,首先转动微分筒到 10 mm 处(为了保留测杆轴向前、后位移的余量),再将测微头轴套上的主尺横线面向自己安装到专用支架座上,移动测微头的安装套(测微头整体移动)使测杆与被测体连接并使被测体处于合适位置(视具体实验而定)时再拧紧支架座上的紧固螺钉。当转动测微头的微分筒时,被测体就会随测杆而位移。

3.4.6　实验报告

完成附录部分实验报告,见附表 4-4。

3.5　差动变压器零点残余电压补偿

3.5.1　实验目的
了解差动变压器零点残余电压的概念及补偿的方法。

3.5.2　实验仪器
差动变压器模块、测微头（千分尺）、差动变压器、示波器。

3.5.3　实验原理
由于差动变压器两只次级线圈等效参数的不对称，初级线圈的纵向排列不均匀性，次级线圈的不均匀、不一致性，铁芯的 B-H 特性非线性等，在铁芯处于差动线圈中间位置时其输出并不为零，其输出的最小值称其为零点残余电压。零点残余电压中主要包含基波分量和高次谐波两种波形成分。

① 基波分量：这是由于变压器两个次级绕组因材料或工艺差异造成等效电路参数（M、L、R）不同，线圈中的铜损电阻及导磁材料的铁损、线圈中线间电容的存在，使得激励电流与所产生的磁通不同相。

② 高次谐波：主要是由导磁材料磁化曲线的非线性引起的，由于磁滞损耗和铁磁饱和的影响，激励电流与磁通波形不一致，产生了非正弦波（主要是三次谐波）磁通，从而在二次绕组中感应出非正弦波的电动势。

减少零点残余电压的方法有：① 从设计和工艺制作上尽量保证线路和磁路的对称。② 采用相敏检波电路。③ 选用补偿电路。在差动变压器实验中（实验 3.4）已经得到了零点残余电压，用差动变压器测量位移时一般要对其零点残余电压进行补偿。补偿方法参见实验 3.4 基本原理。本实验采用补偿线路减小零点残余电压。

3.5.4　实验内容与步骤
① 安装好差动变压器，打开主控台电源，利用示波器观测并调整信号源"$U_{S1}0°$"，使输出信号频率为 4 kHz，幅度为 $V_{P\text{-}P} = 2$ V，按图 3-18 接线。

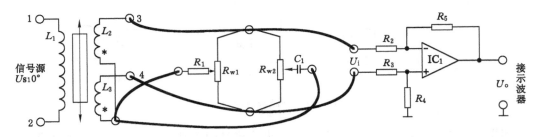

图 3-18　差动变压器零点残余电压补偿接线图

② 实验模块 R_1、C_1、R_{w1}、R_{w2} 为电桥单元中调节平衡网络，用示波器监测放大器输出。

③ 调整测微头，使放大器输出信号最小。

④ 依次调整 R_{w1}、R_{w2}，使示波器显示的电压输出波形幅值降至最小，此时示波器显示即为零点残余电压的波形。

⑤ 记下差动变压器的零点残余电压峰-峰值（$V_{P\text{-}P}$）。（注：这时的零点残余电压是经放

大后的零点残余电压,其值为 $V_{\text{P-P}} \times K$,K 为放大倍数)。可以看出,经过补偿后的残余电压的波形是一不规则波形,这说明波形中有高频成分存在。

⑥ 实验结束后,关闭电源,整理好实验设备。

⑦ 比较实验 3.4 和实验 3.5 的实验结果。实验完毕,关闭电源。

3.5.5　注意事项

① 实验过程中加在差动变压器原边的音频信号幅值不能过大,以免烧毁差动变压器传感器。

② 调整电路面板上的电桥单元是通用单元,不是差动变压器补偿专用单元,因而补偿电路中的 R、C 元件的参数值不是最佳设计值,会影响补偿效果。但只要通过实验理解补偿概念及方法就达到了教学目的。

3.5.6　实验报告

完成附录部分的实验报告,见附表 4-5。

3.6　激励频率对差动变压器特性的影响

3.6.1　实验目的

了解初级线圈激励频率对差动变压器输出性能的影响。

3.6.2　实验仪器

差动变压器模块、测微头(千分尺)、差动变压器、示波器。

3.6.3　实验原理

差动变压器输出电压的有效值可以近似表示为式(3-10)。

$$U_\circ = \frac{\bar{\omega}(M_1 - M_2) \cdot U_\text{i}}{\sqrt{R_\text{P}^2 + \bar{\omega}^2 L_\text{P}^2}} \qquad (3\text{-}10)$$

式中,L_P、R_P 为初级线圈的电感和损耗电阻;U_i、$\bar{\omega}$ 为激励信号的电压和角频率;M_1、M_2 为初级与两次级线圈的互感系数。由关系式可以看出,当初级线圈激励频率太低时,$R_\text{P}^2 > \bar{\omega}^2 L_\text{P}^2$,则输出电压 $U_\circ$ 受频率变动影响较大,且灵敏度较低,只有当 $\bar{\omega}^2 L_\text{P}^2 \gg R_\text{P}^2$ 时输出电压 $U_\circ$ 与 $\bar{\omega}$ 无关,当然 $\bar{\omega}$ 过高会使线圈寄生电容增大,影响系统的稳定性。

3.6.4　实验内容与步骤

① 按照差动变压器性能测试实验安装传感器和接线(图 3-15、图 3-16),开启主控台电源。

② 选择信号源 U_S1 0° 输出信号的频率为 1 kHz,$V_\text{P-P} = 2$ V。(用示波器监测)

③ 用示波器观察 $U_\circ$ 输出波形,移动铁芯至中间位置即输出信号为最小值,固定测微头。

④ 旋动测微头,向左(或右)旋到离中心位置 1 mm 处,使 $U_\circ$ 有较大的输出。

⑤ 改变激励频率(1 kHz～9 kHz),保持幅值不变,频率由频率/转速表监测。将测试结果记入附表 4-6 中的表 1。

⑥ 实验结束后,关闭电源,整理好实验设备。

3.6.5　注意事项

实验过程中加在差动变压器原边的音频信号幅值不能过大,以免烧毁差动变压器传感器。

3.6.6　实验报告

完成附录部分的实验报告,见附表 4-6。

3.7　直流激励时霍尔传感器的位移特性实验

3.7.1　实验目的
① 了解霍尔传感器的原理与应用。
② 掌握霍尔传感器的工作原理。
③ 了解电容式传感器测量电路的工作原理及组成。

3.7.2　实验仪器
霍尔传感器模块、霍尔传感器、测微头、直流电源、直流电压表、绝缘帽。

3.7.3　实验原理

1. 霍尔效应

霍尔效应原理如图 3-19 所示，把一个长度为 L、宽度为 W、厚度为 d 的半导体薄片置于磁感应强度为 B 的磁场中，磁场方向垂直薄片向上，当有电流 I 流过薄片时，在垂直于电流和磁场的方向上将产生电动势 U_H，$U_H = K_H IB$，这种现象称为霍尔效应，该电动势称为霍尔电势，上述半导体薄片称为霍尔元件。

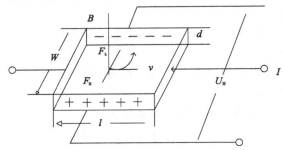

图 3-19　霍尔效应原理

当电流 I 通过霍尔元件时，假设载流子为带负电的电子，则电子沿电流相反方向运动，令其速度为 v，在磁场中运动的电子将受到洛伦兹力 F_L 作用，如式(3-11)所示。

$$F_L = evB \tag{3-11}$$

式中，e 为电子所带电荷量；v 为电子运动速度；B 为磁感应强度。

洛伦兹力方向根据右手定则，由 v 和 B 的方向决定。由于受洛伦兹力 F_L 的影响，电子向导体一侧偏转，并在该侧形成电荷累积。同时，另一侧因缺少电子形成正电荷累积，于是建立了一个霍尔电场，霍尔电场强度为 E_H。该电场对随后的电子施加一电场力 F_H，如式(3-12)所示。

$$F_H = eE_H = e\frac{U_H}{W} \tag{3-12}$$

式中，W 为霍尔片宽度；U_H 为霍尔电势；F_H 方向如图 3-19 所示，恰好与 F_L 方向相反。当霍尔电场力与洛伦兹力相等时，即 $F_L = F_H$ 时，电荷不再向两边累积，该过程达到动态平衡，这时得到式(3-13)。

$$e\frac{U_H}{W} = -evB \tag{3-13}$$

设半导体薄片电流为 I，载流子浓度为 n，电子运动速度为 v，薄片横截面积为 $d \times w$，有电流关系式：$I = -nevwd$，得到电子运动速度，如式（3-14）所示。

$$v = -\frac{I}{newd} \tag{3-14}$$

将式（3-14）代入式（3-13）中得霍尔电势，如式（3-15）所示。

$$U_H = vBw = -\frac{IB}{ned} = R_H \frac{IB}{d} = K_H IB \tag{3-15}$$

式中，R_H 为霍尔系数；$K_H = R_H/d$ 为霍尔元件的灵敏度。由此可见，霍尔效应由材料的物理性质决定，半导体的厚度 d 越小，霍尔元件的灵敏度 K_H 越大。

2. 霍尔元件测位移

霍尔位移传感器是由两个环形磁钢组成梯度磁场和位于梯度磁场中的霍尔元件组成的，霍尔式位移传感器的工作原理和实验电路原理如图 3-20 和图 3-21 所示。当霍尔元件置于两块磁钢间的中心位置时，其磁感应强度为 0，设这个位置为位移零点，即 $X = 0$，因磁感应强度 $B = 0$，故霍尔电势为 $U_H = 0$。当霍尔元件沿 X 轴移动时，由于 $B \neq 0$，则霍尔元件有电势 U_H 输出，$U_H = K_H IB = K_1 B$，U_H 经放大器输出为 U_o。

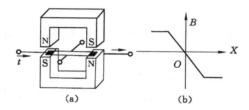

图 3-20　霍尔位移传感器工作原理图

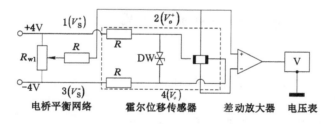

图 3-21　实验电路原理图

当磁场与位移成正比时 $B = K_2 X$，则 $U_H = K_1 K_2 X = KX$（K 为位移传感器的灵敏度）。

从上述公式可知，霍尔电势与位移量呈线性关系，霍尔电势的大小、符号分别表示位移变化的大小和方向，其输出特性如图 3-20(b)所示。这种测量方式的特点是：磁场梯度越大，灵敏度越高；磁场梯度越均匀，输出线性度就越好。利用这一原理可以测量与位移有关的非电量，如力、压力、加速度、液位和压差。

3.7.4　实验内容与步骤

① 将霍尔传感器安装到霍尔传感器模块上（见图 3-15），传感器引线接到霍尔传感器模块 9 芯插座，按图 3-22 接线。

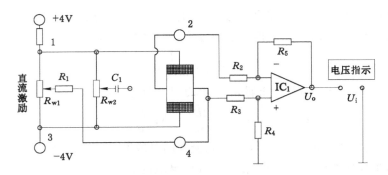

图 3-22　霍尔传感器直流激励接线图

② 开启主控台电源,直流电压表选择"2V"挡,将测微头的起始位置调到"10 mm"处,手动调节测微头的位置,先使霍尔片大概在磁钢的中间位置(直流电压表大致为 0),固定测微头,再调节 R_{w1} 使直流电压表显示为零。

③ 分别向左、右不同方向旋动测微头,每隔 0.2 mm 记下一个读数,直到读数近似不变,将读数填入附表 4-7 的表 1 中。

3.7.5　注意事项

① 霍尔元件有四个引线端口,黑色端口是电源输入激励端,另外两端口是输出端口,接线时应注意不要颠倒,否则会损坏霍尔元件。

② 对传感器要轻拿轻放,绝不可掉到地上。

③ 不要将霍尔传感器的激励电压错接成 ±15 V,否则将可能烧毁霍尔元件。

3.7.6　实验报告

完成附录部分实验报告,见附表 4-7。

3.8　霍尔传感器的应用——电子秤实验

3.8.1　实验目的

了解霍尔传感器组成简易电子秤系统的原理和方法。

3.8.2　实验仪器

霍尔传感器模块、霍尔传感器、振动源、20 g 砝码(10 个)。

3.8.3　实验原理

这里采用直流电源激励霍尔组件,原理参照实验 3.7。

利用霍尔式传感器和振动平台加载时悬臂梁产生位移,通过测位移来称重。当霍尔传感器通过恒定电流,将重物放在振动平台正中央时,霍尔传感器在梯度磁场中上下移动,输出的霍尔电势 U_H 取决于其在磁场中的位移量,所以测得霍尔电压的大小便可获知霍尔元件的静位移。若将一个圆盘(即称重平台)和霍尔元件相连,就把霍尔元件的静位移和圆盘上的物体的质量对应起来,也就是说把霍尔电压的大小和圆盘上的物体的质量对应起来,据此实现电子秤测量实验。

3.8.4　实验内容与步骤

① 将霍尔传感器安装在振动台上。传感器引线接到霍尔传感器模块的 9 芯航空插座。

按图 3-23 接线。

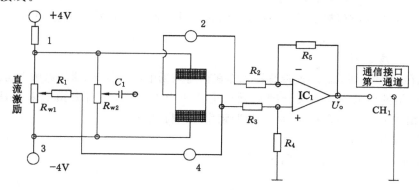

图 3-23　电子秤实验接线图

② 将直流电源接入传感器实验模块,打开主控台电源,在双平衡梁处于自由状态时,参照实验 3.7(直流激励时霍尔传感器的位移特性实验)的实验步骤②,将系统输出电压调节为零,输出接电压表 2 V 挡。

③ 将砝码依次放上振动梁,砝码靠近振动梁边缘,后一个砝码叠在前一个砝码上。

④ 将所称砝码质量与输出电压值记入附表 4-8 表 1 中。

3.8.5　注意事项

① 霍尔式传感器在称重时只能工作在梯度磁场中,所以砝码和被称重物都不应太重。砝码应置于平台的中间部分,避免平台倾斜。

② 直流激励电压须严格限定在 2 V,绝对不能任意加大,以免损坏霍尔元件。

③ 交流激励信号应从音频电压 180°端口输出,严格限定 V_{P-P} 在 5 V 以下,以免损坏霍尔片。

3.8.6　实验报告

完成附录部分实验报告,见附表 4-8。

3.9　霍尔传感器振动测量实验

3.9.1　实验目的

了解霍尔组件的应用——测量振动。

3.9.2　实验仪器

霍尔传感器模块、霍尔传感器、振动源、直流稳压电源、示波器。

3.9.3　实验原理

这里采用直流电源激励霍尔组件,实验原理参照实验 3.7。

3.9.4　实验内容与步骤

① 将霍尔传感器安装在振动源上。传感器引线接到霍尔传感器模块的 9 芯航空插座。按图 3-23 接线,打开主控台电源。

② 仔细调整传感器连接支架的高度,使霍尔片大致在磁钢的中间位置(U_o 输出大致为 0),固定支架的高度,再调解 R_{w1} 使 U_o 输出为 0。

③ 信号源低频信号输出 U_{S2} 接到振动源的"低频信号输入",保持信号源"低频输出"的幅度旋钮不变,改变振动频率(用主控台上的频率计监测),用示波器测量输出 V_{P-P},填入附表 4-9 表 1 中。

3.9.5 注意事项

① 应仔细调整磁路部分,使传感器工作在梯度磁场中,否则传感器的灵敏度将大大下降。

② 振动梁的谐振频率取决于振动梁自重及所受外力,因此谐振频率未必是一个整数点,有可能出现非整数的谐振点,所以共振频率以实际测量为准。

3.9.6 实验报告

完成附录部分实验报告,见附表 4-9。

3.10 转速测速实验

3.10.1 实验目的

① 了解霍尔组件的应用——测量转速。

② 了解磁电传感器的原理及应用。

③ 了解光电转速传感器测量转速的原理及方法。

3.10.2 实验仪器

霍尔传感器、直流电源($+5$ V、±6 V、±8 V、±10 V、$+24$ V)、转动源、频率/转速表、磁电感应传感器、光电传感器、直流稳压电源。

3.10.3 实验原理

开关式霍尔传感器是线性霍尔元件的输出信号经放大器放大,再经施密特电路整形成矩形波输出的传感器。利用霍尔效应表达式:$U_H = K_H IB$,当被测圆盘上装上 6 只磁性体时,转盘每转一周,磁场变化 6 次,霍尔电势同频率相应变化,输出电势通过放大、整形和计数电路就可以测出被测旋转物的转速,其原理如图 3-24 所示。

图 3-24　霍尔传感器转速测量原理框图

磁电感应式传感器是以电磁感应原理为基础,根据电磁感应定律,线圈两端的感应电动势正比于线圈所包围的磁通对时间的变化率,即 $e = -\dfrac{\mathrm{d}\Phi}{\mathrm{d}t} = -W\dfrac{\mathrm{d}\Phi}{\mathrm{d}t}$。其中,$W$ 是线圈匝数;Φ 是线圈所包围的磁通量。若线圈相对磁场运动速度为 v,则上式可改为 $e = -WBlv$ 或者 $e = -WBS$,l 为每匝线圈的平均长度,B 为线圈所在磁场的磁感应强度,S 为每匝线圈的平均截面积。

基于电磁感应原理,N 匝线圈所在磁场的磁通变化时,线圈中感应电动势 $e = -N\dfrac{\mathrm{d}\Phi}{\mathrm{d}t}$ 发生变化,因此当圆盘上嵌入 N 个磁棒时,每转一周线圈感应电动势产生 N 次变化,通过放大、整形和计数等电路可以测量转速。本实验的实验原理如图 3-25 所示,当转盘上嵌入 6 个磁钢时,转盘每转动一周,磁电传感器感应电动势 e 产生 6 次变化,感应电动势 e 通过放大、整形由频率表显示 f，转速 $n = 10f$。

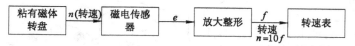

图 3-25　磁电传感器测转速实验原理图

　　光电式转速传感器有反射型和透射型两种,本实验装置采用的是透射型,传感器端部有发光管和光电池,发光管发出的光源通过转盘上的孔透射到光电管上,并转换成电信号,由于转盘上有等间距的 6 个透射孔,转动时将获得与转速及透射孔数有关的脉冲,将脉冲计数处理,由频率表显示频率 f 即可得到转速值 $n = 10f$。原理如图 3-26 所示。

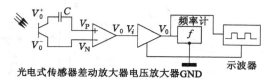

图 3-26　光电式转速传感器测量原理图

3.10.4　实验内容与步骤

1. 霍尔传感器

① 根据图 3-27 将霍尔传感器安装于传感器支架上,霍尔组件正对着转盘上的磁钢,按照图 3-28 接线。

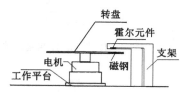

图 3-27　霍尔传感器安装示意图

　　② 将 +5 V 电源接到转动源上"霍尔"输出的电源端,"霍尔"输出接到频率/转速表(切换到测转速的位置)。

　　③ 打开实验台电源,选择不同电源[+8 V、+10 V、12 V(±6)、16 V(±8)、20 V(±10)、24 V]驱动转动源(注意正负极,否则烧坏电机),可以观察到转动源转速的变化,待转速稳定后记录相应驱动电压下得到的转速值,也可以用示波器观察霍尔元件输出的脉冲波形,并将频率/转速表读数记录在附表 4-10 表 1 中。

　　2. 磁电传感器转速测量

　　① 按图 3-29 安装磁电传感器。传感器底部距离转动源 4~5 mm(目测),磁电式传感器的两根输出线接到频率/转速表上。

　　② 打开实验台电源,选择不同电源[+8 V、+10 V、12 V(±6)、16 V(±8)、20 V(±10)、24 V]驱动转动源(注意正负极,否则烧坏电机),可以观察到转动源转速的变化,待转速稳定后,记录对应的转速,也可用示波器观测磁电传感器输出的波形,并将频率/转速表读数记录在附表 4-10 表 2 中。

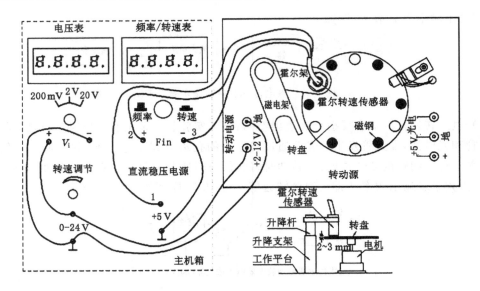

图 3-28　霍尔式传感器转速测量实验接线图

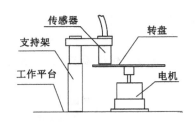

图 3-29　磁电式传感器转速测量接线图

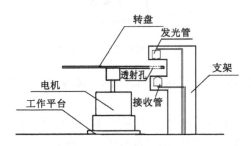

图 3-30　光电式传感器转速测量安装图

3. 光电式传感器转速测量

① 光电式传感器已安装在转动源上,如图 3-30 所示。+5 V 电源接到转动源"光电"输出的电源端,光电输出接到频率/转速表的"f/n"。

② 打开主控台电源开关,用不同的电源驱动转动源转动,记录不同驱动电压对应的转速,填入附表 4-10 表 3 中,同时可通过示波器观察光电传感器的输出波形。

3.10.5　注意事项

霍尔传感器转速控制为开环控制,无反馈进行控速调节,电机通电后线圈内的阻值及阻抗随通电时间的加长会有细微的改变,因此表现在宏观上的就是电机转速达到稳定后会有一定的微小跳变,这是一种正常现象,该现象由电机本身的性质所决定。

3.10.6　实验报告

完成附录部分实验报告,见附表 4-10。

3.11　压电式传感器振动实验

3.11.1　实验目的

① 了解压电式传感器测量振动的原理和方法。

② 了解压电式传感器的组成和工作原理。

③ 了解低通滤波器的作用。

3.11.2　实验仪器

振动源、信号源、直流稳压电源、压电传感器模块、移相检波低通模块。

3.11.3　实验原理

（1）压电效应

具有压电效应的材料称为压电材料,常见的压电材料有两类:压电单晶体,如石英、酒石酸、钾钠等;人工多晶体压电陶瓷,如钛酸钡、锆钛酸铅等。压电材料受到外力作用时,在发生变形的同时内部产生极化现象,它的表面会产生符号相反的电荷。当外力去掉时,又重新恢复到原先不带电状态,当作用力的方向改变后电荷的极性也随之改变,如图 3-31 所示。这种现象称为压电效应。

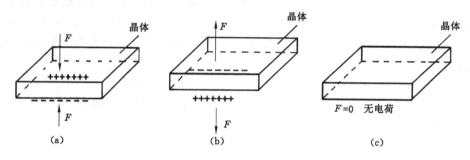

图 3-31　压电效应

（2）压电晶片及等效电路

当压电晶片受到力的作用时,便有电荷聚集在两极上,一极聚集电荷,另一极聚集等量的负电荷。这种情况和电容十分相似,所不同的是晶片表面上的电荷会随着时间的推移逐渐漏掉,因为压电晶片材料的绝缘电阻(也称漏电阻)虽然很大,但毕竟不是无穷大,从信号变换角度看,压电元件相当于一个电荷发生器或者电容器,因此将压电元件等效为一个电荷源与电容相并联的电路,如图 3-32 所示。其中 $e_a = Q/C_a$,式中,e_a 为压电晶片受力后所呈现的电压,也称为极板上的开路电压;Q 为压电晶片表面上的电荷;C_a 为压电晶片的电容。

压电传感器的输出,理论上应当是压电晶片表面上的电荷 Q。根据图 3-32 可知测试中也可取等效电容 C_a 上的电压值作为压电传感器的输出。因此,压电式传感器就有电荷和电压两种输出形式。

（3）测量电路(见图 3-33)

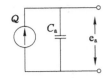

图 3-32 压电元件等效电路

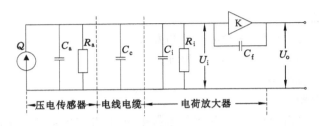

图 3-33 测量电路

压电传感器的输出信号很微弱,必须进行放大。压电传感器所配接的放大器有两种结构形式:一种是带电阻反馈的电压放大器,其输出电压与输入电压(即传感器的输出电压)成正比;另一种是带电容反馈的电荷放大器,其输出电压与输入电荷量成正比。

压电传感器在实际使用时与测量仪器或测量电路相连接,电压放大器测量系统的输出电压对电缆等效电容 C_c 敏感。当电缆长度变化时,C_c 就变化,放大器输入电压 U_i 也跟着变化,系统的电压灵敏度也将发生变化,这就增加了测量的困难。电荷放大器则克服了上述电压放大器的缺点,它是一个高增益带电容反馈的运算放大器,由于运算放大器 R_i 极高,$R_a = 10^9 \sim 10^{14}\Omega$,可认为 R_a 和 R_i 开路,设运算放大器输入端电压为 U_i,输出端电压 U_o,则电荷量 Q 如式(3-16)所示。

$$Q = U_i(C_a + C_c + C_i) + (U_i - U_o)C_f \tag{3-16}$$

式中,C_f 为电荷放大器反馈电容;K 为电荷放大器开环放大倍数。将 $U_o = -A_K U_i$ 代入式(3-16)可得式(3-17)。

$$U_o = \frac{-A_k Q}{C_a + C_c + C_i + C_f + A_k C_f} \tag{3-17}$$

当放大器开环增益足够大,满足 $(1 + A_k)C_f \gg C_a + C_c + C_i$ 时,式(3-17)可化简成式(3-18)。

$$U_o = -\frac{Q}{C_f} \tag{3-18}$$

由式(3-18)可知,在一定情况下,电荷放大器的输出电压与传感器的电荷量成正比,并且与电缆的分布电容无关。因此,采用电荷放大器时,即使连接电缆长度在百米以上,其灵敏度也无明显变化,这是电荷放大器的突出优点。压电加速度传感器实验原理如图3-34所示。

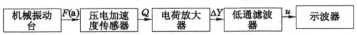

图 3-34 压电加速度传感器实验原理图

3.11.4　实验内容与步骤

① 将压电传感器安装在振动梁的圆盘上(见实验差动变压器的应用——测量振动)。

② 将信号源的低频输出"U_{S2}"接到振动源的"低频信号输入"端,并按图 3-35 接线,合上主控台电源开关,调节低频调幅到最大、低频调频到适当位置,使振动梁的振幅逐渐增大。

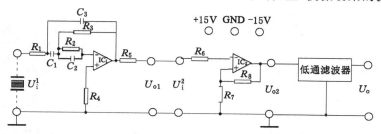

图 3-35　压电式传感器振动实验

③ 将压电传感器的输出端接到压电传感器模块的输入端 U_i,U_{o1} 接 U_i,U_{o2} 接低通滤波器输入端 U_i,输出 U_o 接示波器,观察压电传感器的输出波形 U_o。

3.11.5　注意事项

① 振动梁的谐振频率取决于振动梁自重及所受外力,因此谐振频率未必是一个整数点,有可能出现非整数的谐振点,所以共振频率以实际测量为准。

② 在寻找共振点时,振幅不要调得过大,防止损坏振动台。

③ 激振时悬臂梁振动频率不能过低(如低于 5 Hz),否则传感器将无法稳定输出。

3.11.6　实验报告

完成附录部分实验报告,见附表 4-11。

3.12　电涡流传感器的位移特性测试

3.12.1　实验目的

① 了解电涡流传感器测量位移的工作原理和特性。

② 了解不同被测体材料对电涡流传感器性能的影响。

3.12.2　实验仪器

电涡流传感器、铁圆盘、铜圆盘、铝圆盘、电涡流传感器模块、测微头、直流稳压电源、直流电压表。

3.12.3　实验原理

电涡流传感器是根据涡流效应制作的传感器,电涡流传感器由传感器线圈和被测物体(导电体——金属涡流片)组成,形成电涡流必备两个条件:一是存在交变磁场;二是导体处于交变磁场中,如图 3-36 所示。当线圈中通以交变电流 i_1 时,线圈周围产生交变磁场 H_1,当线圈靠近某一导体表面时,由于线圈磁通链穿过导体,导体表面层感应出呈旋涡状自行闭合的电流 i_2,而 i_2 所形成的磁通链又穿过传感器线圈,这样线圈与涡流"线圈"形成了有一定耦合的互感,最终原线圈反馈一等效电感,从而导致传感器线圈的阻抗 Z 发生变化。将被测导体上形成的电涡等效成一个短路环,可得到图 3-37 所示的等效电路。在图 3-37 中,

R_1、L_1 为互感线圈的电阻和电感。短路环可以认为是一匝短路线圈,电阻为 R_2,电感为 L_2。导体与线圈之间存在一个互感 M,它随线圈与导体间距的减小而增大。

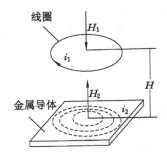

图 3-36 电涡流传感器原理

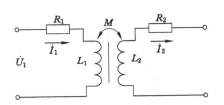

图 3-37 电涡流传感器等效电路

在交变磁场中,导体内部会产生电涡流 i_2,这个电涡流同样产生交变磁场 H_2。高频电流的线圈产生磁场,当有导电体接近时,因导电体涡流效应产生涡流损耗,而涡流损耗与导电体离线圈的距离有关,根据此原理可以进行位移测量。

根据等效电路可列出电路方程组,如式(3-19)所示。

$$\begin{cases} R_2\,\dot{I}_2 + j\omega L_2\,\dot{I}_2 - j\omega M\,\dot{I}_1 = 0 \\ R_1\,\dot{I}_1 + j\omega L_1\,\dot{I}_1 - j\omega M\,\dot{I}_2 = \dot{U}_1 \end{cases} \tag{3-19}$$

求解方程组,可得 $\dot{I}_1$、$\dot{I}_2$,因此传感器线圈复阻抗如式(3-20)所示。

$$Z = \frac{\dot{U}}{\dot{I}} = \left[R_1 + \frac{\bar{\omega}^2 M^2}{R_2{}^2 + (\bar{\omega}L_2)^2} R_2 \right] + j\left[\bar{\omega}L_1 - \frac{\bar{\omega}^2 M^2}{R_2{}^2 + (\bar{\omega}L_2)^2} \bar{\omega}L_2 \right] \tag{3-20}$$

线圈的等效电感如式(3-21)所示。

$$L = L_1 - L_2 \frac{\bar{\omega}^2 M^2}{R_2{}^2 + (\bar{\omega}L_2)^2} \tag{3-21}$$

线圈的等效 Q 值如式(3-22)所示。

$$Q = Q_0 \frac{1 - (L_2\bar{\omega}^2 M^2)/L_1 Z_2^2}{1 + (R_2\bar{\omega}^2 M^2)/R_1 Z_2^2} \tag{3-22}$$

式中 Q_0——无涡流影响下线圈的 Q 值,$Q_0 = \bar{\omega}L_1/R_1$;

Z_2^2——金属导体中产生电涡流部分的阻抗,$Z_2^2 = R_2^2 + \omega^2 L_2^2$。

由式(3-20)至式(3-22)可以看出,线圈与金属导体系统的阻抗 Z、电感 L 和品质因数 Q 都是该系统互感系数平方的函数,而从麦克斯韦互感系数的基本公式出发,可得互感系数是线圈与金属导体间距离 $X(H)$ 的非线性函数。因此 Z、L、Q 均是 x 的非线性函数。虽然 $X(H)$ 函数是非线性的,其函数特征为"S"形曲线,但可以选取它近似为线性的一段。其实 Z、L、Q 的变化与导体的电导率、磁导率、几何形状、线圈的几何参数、激励电流频率以及线圈到被测导体间的距离有关。如果上述参数中的一个参数改变,而其余参数不变,则阻抗就成为这个变化参数的单值函数。当电涡流线圈、金属涡流片以及激励源确定后,并保持环境温度不变,则阻抗只与距离 X 有关。于是,通过传感器的调理电路(前置器)处理,将线圈阻抗 Z、L、Q 的变化转化成电压或电流的变化输出。输出信号的大小随探头到被测体表面之间的间距而变化,电涡流传感器就是根据这一原理实现对金属物体的位移、振动等参数的测量。

（1）电涡流位移测量

为实现电涡流位移测量,必须有一个专用的测量电路。这一测量电路(称之为前置器,也称电涡流变换器)应包括具有一定频率的稳定的振荡器和一个检波电路等。电涡流传感器位移测量实验框图如图 3-38 所示。

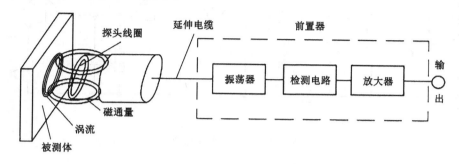

图 3-38   电涡流位移特性实验原理图

根据电涡流传感器的基本原理,将传感器与被测体间的距离变换为传感器的品质因数 Q、等效阻抗 Z 和等效电感 L 三个参数,用相应的测量电路(前置器)来测量。本实验的涡流变换器为变频调幅式测量电路,电路原理如图 3-39 所示。电路组成:① T_1、C_1、C_2、C_3 组成电容三点式振荡器,产生频率为 1 MHz 左右的正弦载波信号。电涡流传感器接在振荡回路中,传感器线圈是振荡回路的一个电感元件。振荡器作用是将位移变化引起的振荡回路的 Q 值变化转换成高频载波信号的幅值变化。② VD、C_5、L_2、C_6 组成了由二极管和 LC 形成的 π 形滤波的检波器。检波器的作用是将高频调幅信号中传感器检测到的低频信号提取出来。③ T_2 组成射极跟随器。射极跟随器的作用是输入、输出匹配以获得尽可能大的不失真输出的幅度值。电涡流传感器是通过传感器端部线圈与被测物体(导电体)间的间隙变化来测物体的振动相对位移量和静位移的,它与被测物之间没有直接的机械接触,具有很宽的使用频率范围(从 0~10 Hz)。当无被测导体时,振荡器回路谐振为 f_0,传感器端部线圈 Q_0 为定值且最高,对应的检波输出电压 V_0 最大。当被测导体接近传感器线圈时,线圈 Q 值发生变化,振荡器的谐振频率发生变化,谐振曲线变得平坦,检波出的幅值 V_0 变小,V_0 变化反映了位移 X 的变化。电涡流传感器在位移、振动、转速、探伤、厚度测量上得到应用。

（2）不同材质、面积大小对电涡流传感器特性的影响

涡流效应与金属导体本身的电阻率和磁导率有关,因此不同的材料就会有不同的性能。在实际应用中,由于被测体的材料、形状和大小不同会导致被测体上涡流效应的不充分,会减弱甚至不产生涡流效应,因而影响电涡流传感器的静态特性,所以在实际测量中,必须针对具体的被测体进行静态特性标定。

3.12.4   实验内容与步骤

① 按图 3-40 安装电涡流传感器。

② 在测微头端部装上铁盘,作为电涡流传感器的被测体。调节测微头,使铁盘的平面

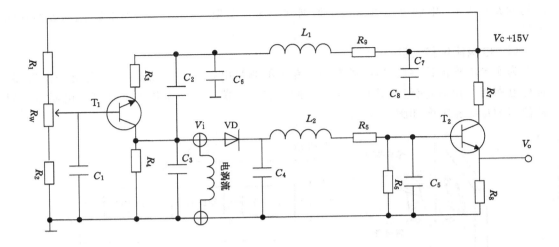

图 3-39　电涡流变换器原理图

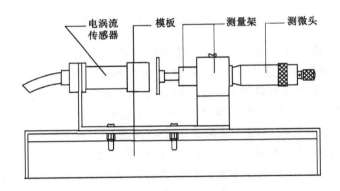

图 3-40　电涡流传感器安装示意图

贴到电涡流传感器的探测端,固定测微头。

③ 按图 3-41 连接传感器,将电涡流传感器连接线接到模块上标有"〰"的两端,实验模块输出端 U_o 与直流电压表输入端 U_i 相连接。直流电压表量程切换开关选择 2 V 挡,模块电源用导线从主控台接入＋15 V 电源。

④ 打开主控台电源,记下直流电压表读数,然后每隔 0.2 mm 读数,直到输出几乎不变为止,将结果记入附表 4-12 表 1。

⑤ 重复电涡流位移特性实验的步骤,将铁盘分别换成铜盘和铝盘。将实验数据分别记入附表 4-12 表 2、附表 4-12 表 3。

⑥ 重复电涡流位移特性实验的步骤,将被测体换成比上述金属圆片面积更小的被测体,将结果记入附表 4-12 表 4。

3.12.5　实验报告

完成附录部分实验报告,见附表 4-12。

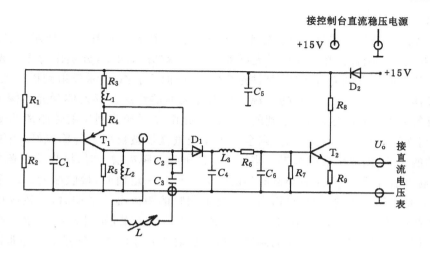

图 3-41　电涡流传感器接线图

3.13　电涡流传感器的应用——电子秤实验

3.13.1　实验目的

了解电涡流传感器组成电子秤系统的原理与方法。

3.13.2　实验仪器

电涡流传感器模块、电涡流传感器、振动源、直流稳压电源、电压表、20 g 砝码（10 个）。

3.13.3　实验原理

根据电涡流传感器静态位移特性，结合双平衡梁的应变效应，可以组成简单的电子秤测量系统。

3.13.4　实验内容与步骤

① 将电涡流传感器安装到振动源的传感器支架上，电涡流传感器探头避开振动平台中心孔，引出线接入电涡流传感器模块。

② 将直流电源接入传感器实验模块，打开主控台电源，在双平衡振动梁处于自由状态时，将电涡流传感器紧贴振动梁，输出接电压表 2 V 挡。

③ 依次将砝码放到振动梁的一端，将所称质量与输出电压值记入附表 4-13 表 1。

3.13.5　实验报告

完成附录部分实验报告，见附表 4-13。

3.14　光纤传感器位移特性实验

3.14.1　实验目的

了解反射式光纤位移传感器的原理与应用。

3.14.2　实验仪器

光纤位移传感器模块、Y 形光纤传感器、测微头、直流电源、电压表。

3.14.3 实验原理

反射式光纤位移传感器是一种传输型光纤传感器。其原理如图 3-42 所示：光纤采用 Y 形结构，两束光纤一端合并在一起组成光纤探头，另一端分为两支，分别作为光源光纤和接收光纤。光从光源耦合到光源光纤，通过光纤传输，射向反射面，再被反射到接收光纤，最后由光电转换器接收，转换器接收到的光源与反射体表面的性质及反射体到光纤探头距离 x 有关。当反射表面位置确定后，接收到的反射光光强随光纤探头到反射体距离的变化而变化。显然，当光纤探头紧贴反射面时，则全部传输光量直接被反射至传输光纤，当没有提供光给接收端的光纤，则输出信号为零。当探头与被测物的距离增加时，接收端的光纤接收的光量越多，输出信号越大，当探头与被测物的距离增加到一定值时，接收端的光纤全部被照明，此时称为光峰值。达到光峰值后，当探头与被测物的距离继续增加时，将造成反射光扩散或超过接收端接收视野，则输出信号与被测距离成反比关系，如图 3-43 所示。通常选用线性范围较好的上升部分作为曲线的测试区域。反射式光纤位移传感器是一种非接触式测量仪器，具有探头小、响应速度快、测量线性化（在小位移范围内，2 mm 左右）等优点，可在小位移范围内进行高速位移检测。

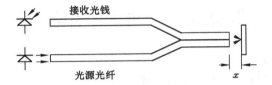

图 3-42 反射式光纤位移传感器原理

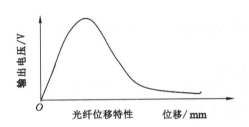

图 3-43 光纤传感器位移特性

3.14.4 实验内容与步骤

① 光纤传感器的安装如图 3-44 所示，将 Y 形光纤安装在光纤位移传感器实验模块上。探头对准镀铬反射板，调节光纤探头端面与反射面平行，距离适中时固定测微头，接通电源预热数分钟。

② 按照图 3-45 接线，将测微头起始位置调到 14 cm 处，手动使反射面与光纤探头端面紧密接触，固定测微头。

③ 实验模块从主控台接入 ±15 V 电源，打开实验台电源。

④ 将模块输出 "V_{o1}" 接到直流电压表（20 V 挡），仔细调节电位器 R_w 使电压表显示为零。

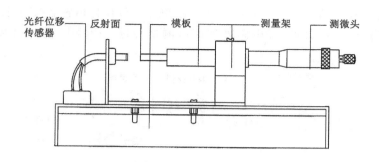

图 3-44　光纤位移传感器安装示意图

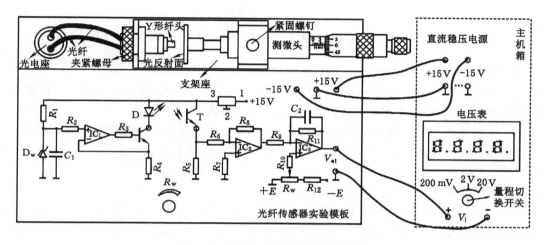

图 3-45　光纤传感器位移特性接线图

⑤ 旋动测微器,使反射面与光纤探头端面距离增大,每隔 0.1 mm 读出一次输出电压 V_{o1} 值,位移以不超过 2 mm 为最佳。将实验数据填入附表 4-14 中表 1。

3.14.5　实验报告

完成附录部分实验报告,见附表 4-14。

3.15　光纤传感器的测速实验

3.15.1　实验目的

了解光纤位移传感器测转速的方法。

3.15.2　实验仪器

光纤位移传感器模块、Y 形光纤传感器、直流稳压电源、直流电压表、频率/转速表、转动源。

3.15.3　实验原理

本光纤传感器为反射式,光纤采用 Y 形结构,两束多模光纤合并于一端组成光纤探头。一束作为接收,另一端作为光源发射,近红外二极管发出的近红外光经光源光纤照射至电机的旋转叶片,由叶片发射的光信号经接收光纤传输至光电转换器转换为电信号,反射光的强弱与反射物、光纤探头的距离成一定的比例关系,利用光纤位移传感器探头对旋转被测物反射光的明显变化产生电脉冲,经电路处理即可测量转速。图 3-46 为光纤传感器测速原理图。

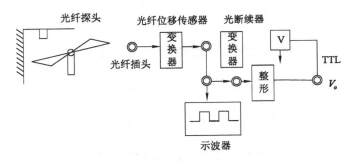

图 3-46   光纤传感器测速原理图

3.15.4   实验内容与步骤(见图 3-29)

① 将光纤传感器安装在转动源传感器支架上,使光纤探头对准转动盘边缘的反射点,探头距离反射点 1 mm 左右(在光纤传感器的线性区域内)。

② 用手拨动一下转盘,使探头避开反射面(避免产生暗电流),接好实验模块±15 V 电源,模块输出 U_o 接到直流电压表输入。调节 R_w 使直流电压表显示为零(R_w 确定后不能改动)。

③ 将模块输出 U_o 接到频率/转速表的输入" f/n "。

④ 合上主控台电源,选择不同电源,+8 V、+10 V、12 V(±6)、16 V(±8)、20 V(±10)、24 V 驱动转动源,可以观察到转动源转速的变化,将数据记录在附表 4-15 表 1 中。也可用示波器观测光纤传感器模块的输出波形。

3.15.5   注意事项

① 光纤请勿成锐角弯折,以免造成内部断裂,端面尤其要注意保护,否则会造成光通量衰耗加大导致灵敏度下降。

② 光纤输出端不允许接地,否则会损坏内部元件。

③ 实验结束后应释放所有处理电路单元的开关按钮(使其在关闭状态),将转速输出调至最小(逆时针旋到底),注意拔线时最好稍带点顺时针旋转。

3.15.6   实验报告

完成附录部分实验报告,见附表 4-15。

3.16   光纤传感器测量振动实验

3.16.1   实验目的

了解光纤传感器动态位移性能。

3.16.2   实验仪器

光纤位移传感器、光纤位移传感器实验模块、振动源、铁圆盘、示波器。

3.16.3   实验原理

利用光纤位移传感器的位移特性和其较高的频率响应,用合适的测量电路即可测量振动。

3.16.4　实验内容与步骤

① 接好模块±15 V电源，模块输出接示波器。信号源的"U_{S2} 输出"接到振动源的"低频信号输入"端，并把 U_{S2} 幅度调节旋钮打到 3/4 位置，U_{S2} 频率调节旋钮打到最小位置。将反射面平放到振动梁最左端位置，光纤位移传感器安装如图 3-47 所示，光纤探头对准振动梁的反射面(这里反射面用铁圆盘)。

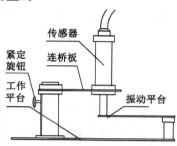

图 3-47　光纤测转速安装示意图

② 打开主控台电源，调节 U_{S2} 频率旋钮使振动源振幅达到最大(目测)，调节传感器支架的高度，使光纤传感器探头刚好不碰到振动平台。

③ 将光纤传感器的另一端的两根光纤插到光纤位移传感器实验模块上，改变 U_{S2} 输出频率(用转速/频率表的转速挡检测。注：转速挡显示的也是频率，精度比频率挡高)。通过示波器观察输出波形，并记下输出波形及其幅值，填入附表 4-16 表 1 中。激励信号频率达到振动源固有频率点附近可以多测量几个点。

注：振动梁的谐振频率取决于振动梁自重及所受外力，因此谐振频率未必是一个整数点，有可能出现非整数的谐振点，所以共振频率以实际测量为准。

3.16.5　实验报告

完成附录部分实验报告，见附表 4-16。

3.17　磁敏元件转速测量实验

3.17.1　实验目的
了解半导体磁敏传感器的原理与应用。

3.17.2　实验仪器
磁阻传感器、转动源、应变传感器模块、±15 V稳压电源、数显单元、多圈电位器、示波器。

3.17.3　实验原理
磁场中运动的载流子因受到洛伦兹力的作用而发生偏转。载流子运动方向的偏转起到了加大电阻的作用。磁场越强，增大电阻的作用就越强。外加磁场使半导体(或导体)的电阻随磁场增大而增加的现象称为磁阻效应。

由于霍尔电场的作用抵消了洛伦兹力，使载流子恢复直线运动方向。但导体中导电的载流子运动速度各不相同，有的快有的慢，形成一定分布，所以霍尔电场力和洛伦兹力在总的效果上使横向电流抵消掉了。对个别载流子来说，只有具有某一特定速度的那些载流子真正按直线运动，比这一速度快或慢的载流子仍然会发生偏转，因此在霍尔电场存在的情况下，磁阻效应仍然存在，只是被大大削弱了。为了获得大的磁阻效应，就要设法消除霍尔电场的影响。

如图 3-48(a) 所示 $L \gg W$ 的纵长方形片，由于电子的运动偏向一侧，必然产生霍尔效应，当霍尔电场施加的电场力和磁场对电子施加的洛伦兹力平衡时，电子的运动轨迹就不再偏移，所以片中段的电子运动方向与 L 平行，只有两端才有所偏移，这样电子的运动路径增长并不多，电阻加大也不多。

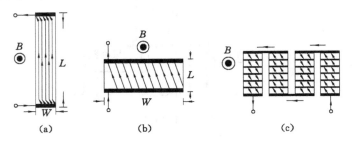

图 3-48　电子运动轨迹的偏移

图 3-48(b) 中 $L \ll W$ 的横长方形片，其效果比前者明显。实验表明当 $B = 1$ T 时，电阻可增大 10 倍（因为来不及形成较大的霍尔电场）。

图 3-48(c) 是按图 3-48(b) 的原理把多个横长方形片串联而成，片和片之间的金属导体把霍尔电压短路掉，使之不能形成电场，于是电子的运动总是偏转的，电阻增加得比较多。

本实验所采用的传感器是一种 N 型的 InSb（锑化铟）半导体材料做成的磁阻器件。如图 3-49 所示在其背面加了一偏置磁场，所以，当被检测铁磁性物质或磁钢经过其检测区域时，MR_1 和 MR_2 处的磁场先后增大从而导致 MR_1 和 MR_2 的阻值先后增大，如在①、③两端加电压 $\pm Vcc$，则②端输出一正弦波。为了克服其温度特性不好的缺陷，采用两个磁阻器件串联以抵消其温度影响。

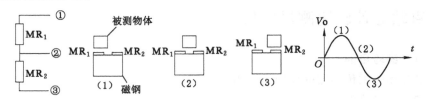

图 3-49　磁敏元件工作流程图

3.17.4　实验内容与步骤

① 将磁敏传感器安装在传感器支架上，使传感器探头底部距离转盘的距离约 1~2 mm 左右（目测）。

② 将 ±15 V 直流稳压电源接入应变传感器实验模块，将 R_{w4} 调节到最大，短接差动放大器的两个输入端 U_i，调节 R_{w3} 使 U_{o2} 输出为 0（U_{o2} 接直流电压表 2 V 挡）。

③ 拆除 U_i 处短接线，按图 3-50 接线，磁阻传感器的两根引线红色接 1，蓝色接 2，将配

套电位器 R_w（两根引出线的电位器）一根线接 3，一根线接 2，R_w、MR_2 与 R_6、R_7 构成一个电桥，电桥输出接差动放大器输入 U_i。调节 R_{w1}，使模块输出 U_{o2} 输出为正且最小（若输出最小值始终为负，可调换 R_w 和 MR_2 的位置）。

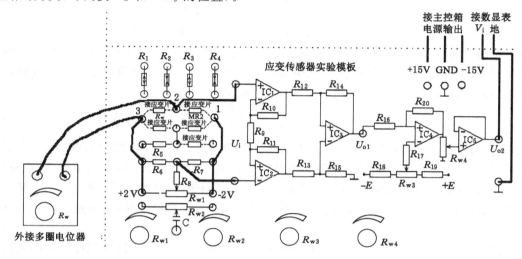

图 3-50　磁敏元件转速测量实验接线图

④ 手动调节转动源转盘，使磁敏传感器正对转盘上的通孔，调节多圈电位器 R_w，直流电压表显示输出为零，再次手动调节转动源的转盘，使磁敏传感器正对转盘上的磁钢，调节 R_{w4} 使直流电压表上的输出为 5 V。

⑤ 将 U_{o2} 接到频率/转速表上，调节转动源的驱动电压，记录不同驱动电压对应的转速，填入附表 4-17 表 1，同时可通过示波器观察光电传感器的输出波形。

3.17.5　实验报告

完成附录部分实验报告，见附表 4-17。

3.18　硅光电池特性测试实验

3.18.1　实验目的

了解光敏二极管的原理和特性。

3.18.2　实验仪器

光电传感器实验模块、实验箱 0～20 mA 可调恒流源、直流稳压电源、电压表。

3.18.3　实验原理

光电二极管利用的是物质的光电效应，即当物质在一定频率的照射下，释放出光电子的现象。当光照射到半导体材料的表面时，会被这些材料内的电子所吸收，如果光子的能量足够大，吸收光子后的电子可挣脱原子的束缚而溢出材料表面，这种电子称为光电子，这种现象称为光电子发射，又称为外光电效应。当外加偏置电压与结内电场方向一致，PN 结及其附近被光照射时，就会产生载流子（即电子-空穴对）。结区内的电子-空穴对在势垒区电场的作用下，电子被拉向 N 区，空穴被拉向 P 区而形成光电流。当入射光强度变化时，光生载流子的浓度及通过外回路的光电流也随之发生相应的变化。这种变化在入射光强度很大的动态范围内仍能保持线性关系。

当没有光照射时，光电二极管相当于普通的二极管，其伏安特性如式(3-23)所示。

$$I = I_s(e^{\frac{eV}{kT}} - 1) = I_s\left[\exp\left(\frac{eV}{kT}\right) - 1\right] \qquad (3\text{-}23)$$

式中，I 为流过二极管的总电流；I_s 为反向饱和电流；e 为电子电荷；k 为玻耳兹曼常量；T 为工作绝对温度；V 为加在二极管两端的电压。对于外加正向电压，I 随 V 指数增长，称为正向电流；当外加反向电压时，在 V 反向击穿电压之内，反向饱和电流基本上是个常数。当有光照时，流过 PN 结两端的电流可由式(3-24)确定。

$$I = I_s(e^{\frac{eV}{kT}} - 1) + I_p = I_s\left[\exp\left(\frac{eV}{kT}\right) - 1\right] + I_p \qquad (3\text{-}24)$$

式中，I 为流过光电二极管的总电流；I_s 为反向饱和电流；V 为 PN 结两端电压；T 为工作绝对温度；I_p 为产生的反向光电流。从式(3-24)可以看到，当光电二极管处于零偏时，$V = 0$，流过 PN 结的电流 $I = I_p$；当光电二极管处于负偏时(在本实验中取 $V = -4 \text{ V}$)，流过 PN 结的电流 $I = I_p - I_s$。因此，当光电二极管用作光电转换器时，必须处于零偏或负偏状态。

图 3-51 是光电二极管光电信号接收端的工作原理框图，光电二极管把接收到的光信号转变为与之成正比的电流信号，再经 I/V 转换模块把光电流信号转换成与之成正比的电压信号。

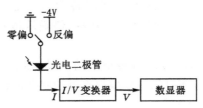

图 3-51　光电二极管光电信号接收框图

3.18.4　实验内容与步骤

① 光敏二极管置于光电传感器模块上的暗盒内，其两个引脚引到面板上。通过实验导线将光电二极管接到光电流/电压转换电路的 VD 两端，光电流/电压转换输出接直流电压表 20 V 挡。

② 打开主控台电源，将 +15 V 电源接入传感器应用实验模块。将光电二极管"+"极接地。

③ 0～20 mA 恒流源接 LED 两端，调节 LED 驱动电流改变暗盒内的光照强度。记录光电流/电压转换输出 U_{o1}(挡位旋转 200 mV)，将数据填入附表 4-18 表 1。

④ 将光电二极管"+"极接 -15 V，重复步骤③，记录光电流电压转换输出 U_{o2}，将数据填入附表 4-18 表 1。

3.18.5　注意事项

① 当电压表和电流表显示为"1_"时说明超过量程，应更换为合适量程。

② 连线之前保证电源关闭。

③ 实验过程中，请勿同时拨开两种或两种以上的光源开关，这样会造成实验数据不

准确。

④ 硅光电池的偏压不要接反。

3.18.6　实验报告

完成附录部分实验报告,见附表 4-18。

3.19　集成温度传感器的温度特性实验

3.19.1　实验目的

了解常用的集成温度传感器(AD590 和 LM35)基本原理、性能与应用。

3.19.2　实验仪器

智能调节仪、PT100、AD590、LM35、温度源、温度传感器实验模块。

3.19.3　实验原理

集成温度传感器 AD590 是把温敏器件、偏置电路、放大电路及线性化电路集成在同一芯片上的温度传感器。其特点是使用方便、外围电路简单、性能稳定可靠;不足的是测温范围较小、使用环境有一定的限制。AD590 能直接给出正比于绝对温度的理想线性输出,在一定温度下,相当于一个恒流源,一般用于 -50 ℃～$+150$ ℃之间的温度测量。温敏晶体管的集电极电流恒定时,晶体管的基极-发射极电压与温度呈线性关系。为克服温敏晶体管 U_b 电压生产时的离散性,均采用了特殊的差分电路。本实验仪采用电流输出型集成温度传感器 AD590,在一定温度下,相当于一个恒流源。因此不易受接触电阻、引线电阻、电压噪声的干扰,具有很好的线性特性。AD590 在温度 25 ℃(298.15 K)时,理想输出为 298.15 μA,因此其灵敏度(标定系数)为 1 $\mu A/K$。该器件工作电源电压为 4 V～30 V(本实验仪用＋5 V),即可实现温度到电流的线性变换,然后在终端使用一只取样电阻(本实验中为传感器调理电路单元中 $R_2 = 100$ Ω)即可实现电流到电压的转换,使用十分方便。电流输出型比电压输出型的测量精度更高,AD590 测温特性实验原理如图 3-52 所示。

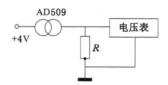

图 3-52　AD590 测温特性实验原理图

LM35 是由美国国家半导体公司所生产的温度传感器,其输出电压与摄氏温标呈线性关系,转换关系为 0 ℃时输出为 0 V,每升高 1 ℃,输出电压增加 10 mV。式(3-25)为 LM35 输出电压与摄氏温标转换公式。

$$V_{\text{out\_LM35}(T)} = 10 \text{ mV/℃} \times T \text{ ℃} \tag{3-25}$$

LM35 有多种不同封装形式,在常温下,LM35 不需要额外的校准处理即可达到 $\pm 1/4$ ℃的准确率。其电源供应模式有单电源与双电源两种,双电源的供电模式可提供负温度测量,在本实验中只使用单电源模式,用于 0 ℃～100 ℃的温度测量,可在 4～20 V 的供电电压范围内正常工作。

3.19.4 实验内容与步骤

（1）AD590 温度特性的测试

① 重复温度控制实验，在另一个温度传感器插孔中插入集成温度传感器 AD590。

② 将 ±15 V 直流稳压电源接至温度传感器实验模块。温度传感器实验模块的输出 U_{o1} 接主控台直流电压表。

③ 将温度传感器模块上差动放大器的输入端 U_i 短接，调节电位器 R_{w3} 使直流电压表显示为零。

④ 拿掉短路线，按图 3-53 接线，并将 AD590 两端引线按插头颜色（一端红色，一端蓝色）插入温度传感器实验模块中（红色对应 a、蓝色对应 b）。

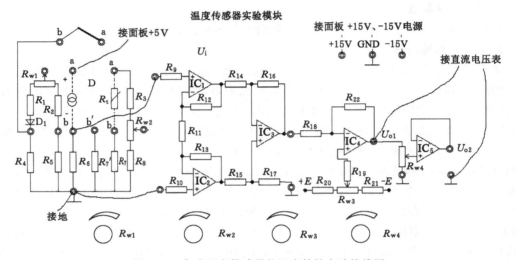

图 3-53　集成温度传感器的温度特性实验接线图

⑤ 将 R_6 两端接到差动放大器的输入 U_i，将温度控制在 50 ℃，记下模块输出 U_{o1} 的电压值。改变温度源的温度，每隔 5 ℃ 记下 U_{o1} 输出值（选择 20 V 挡）。直到温度升到 120 ℃，将实验结果填入附表 4-19 表 1。

（2）LM35 温度特性的测试

① 重复温度控制实验，将温度控制在 40 ℃，在另一个温度传感器插口中插入 LM35。

② LM35 的红色引线和黑色引线接 +5 V 直流稳压源（红线接 +5 V，黑色接 GND）。

③ LM35 的蓝色引线和黑色引线接直流电压表 2 V 挡（蓝色接正，黑色接负）。

④ 打开加热源，改变温度源的温度，每隔 5 ℃ 记下直流电压表的输出值 U_{o1}，直到温度升至 80 ℃，将结果记录在附表 4-19 表 2 中。

3.19.5 实验报告

完成附录部分实验报告，见附表 4-19。

3.20　电阻温度特性测试实验

3.20.1 实验目的

① 了解铂热电阻的特性与应用。

② 了解铜热电阻测温基本原理与特性。

3.20.2　实验仪器

智能调节仪、铂热电阻 Pt100（2 只）、温度源、温度传感器实验模块、铜热电阻 Cu50、±15 V电源、电压表。

3.20.3　实验原理

实验利用导体电阻随温度变化的特性，热电阻用于测量时，要求其材料电阻温度系数大、稳定性好、电阻率高，电阻与温度之间最好有线性关系。当温度变化时，感温元件的电阻值随温度而变化，这样就可将变化的电阻值通过测量电路转换成电信号，即可得到被测温度。

铜热电阻以金属铜作为感温元件。铜电阻测温原理与铂电阻一样，利用导体随温度变化的特性。它的特点是：电阻温度系数较大、价格便宜、互换性好、固有电阻小、体积大。使用温度范围是 $-50\ ℃\sim150\ ℃$，在此温度范围内铜热电阻与温度的关系是非线性的。如按线性处理，虽然方便，但误差较大。通常用式（3-26）描述铜热电阻的电阻与温度关系。

$$R_t = R_0(1 + At + Bt^2 + ct^3) \tag{3-26}$$

式中，R_0 为温度为 $0\ ℃$ 时铜热电阻的电阻值，通常取 $R_0 = 50\ \Omega$ 或 $R_0 = 100\ \Omega$；R_t 为温度为 $t\ ℃$时铜热电阻的电阻值；t 为被测温度；A,B,C 为常数，当 $W_{100} = 1.428$ 时，$A = 4.288\ 99 \times 10^{-3}℃^{-1}$，$B = -2.133 \times 10^{-7}℃^{-2}$，$C = 1.233 \times 10^{-9}℃^{-3}$。铜热电阻体结构如图 3-54 所示，通常用直径 0.1 mm 的漆包线或丝包线双线绕制，而后浸以酚醛树脂使之成为一个铜电阻体，再用镀银铜线作引出线，穿过绝缘套管。铜电阻的缺点是电阻率较低，电阻体的体积较大，热惯性也较大，在 100 ℃ 以上易氧化，因此只能用于低温以及无侵蚀性的介质中。

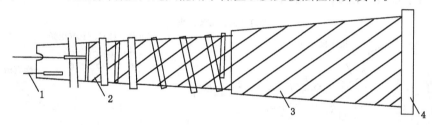

1—引出线；2—补偿线阻；3—铜热电阻丝；4—引出线

图 3-54　铜热电阻体结构

铜热电阻 Cu50 的电阻温度特性（分度表）见表 3-1。

表 3-1　铜热电阻分度表　　　　　　　　（分度号：Cu50；单位：Ω）

温度/℃	0	1	2	3	4	5	6	7	8	9
0	50.00	50.21	50.43	50.64	50.86	51.07	51.28	51.50	51.71	51.93
10	52.14	52.36	52.57	52.78	53.00	53.21	53.43	53.64	53.86	54.07
20	54.28	54.50	54.71	54.92	55.14	55.35	55.57	55.78	56.00	56.21
30	56.42	56.64	56.85	54.07	57.28	57.49	57.71	57.92	58.14	58.35
40	58.56	58.78	58.99	59.20	59.42	59.63	59.85	60.06	60.27	60.49
50	60.70	60.92	61.13	61.34	61.56	61.77	61.98	62.20	62.41	62.63
60	62.84	63.05	63.27	63.48	63.70	63.91	64.12	64.34	64.55	64.76

表 3-1(续)

温度/℃	0	1	2	3	4	5	6	7	8	9
70	64.98	65.19	65.41	65.62	65.83	66.05	66.26	66.48	66.69	66.96
80	67.12	67.33	67.54	67.76	67.97	68.19	68.40	68.62	68.83	69.00
90	69.26	69.47	69.68	69.90	70.11	70.33	70.54	70.76	70.97	71.18
100	71.40	71.61	71.83	72.04	72.25	72.47	72.68	72.80	73.11	71.33
110	73.54	73.75	73.97	74.18	74.40	74.61	74.83	75.04	75.26	76.47
120	75.68	75.90	76.11	76.33	76.54	76.76	76.97	77.19	77.40	77.62

3.20.4 实验内容与步骤

（1）铂热电阻测温特性

① 重复温度控制实验,将温度控制在 50 ℃,在另一个温度传感器插孔中插入另一只铂热电阻温度传感器 Pt100。

② 将±15 V 直流稳压电源接至温度传感器实验模块。温度传感器实验模块的输出 U_{o1} 接主控台直流电压表。

③ 将温度传感器模块上差动放大器的输入端 U_i 短接,调节电位器 R_{w3} 使直流电压表显示为零。

④ 按图 3-55 接线,并将 Pt100 的 3 根引线插入温度传感器实验模块中 R_t 两端(其中颜色相同的两个接线短接 a,另一端接 b)。

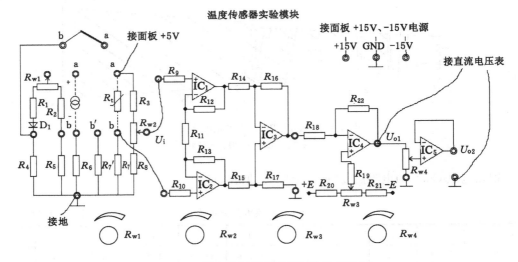

图 3-55 铂电阻温度特性测试实验接线图

⑤ 拿掉短路线,将 R_7 一端接到差动放大器的输入 U_i,将电位器 R_{w2} 逆时针旋到底,使输出模块 U_{o1} 为 0。

⑥ 改变温度源的温度,每隔 5 ℃记下 U_{o1} 的输出值(选择 20 V 挡),直到温度升至 120 ℃,并将实验结果填入附表 4-20 表 1 中。

（2）铜热电阻测温特性

铜热电阻 Cu50 调理电路如图 3-56 所示。

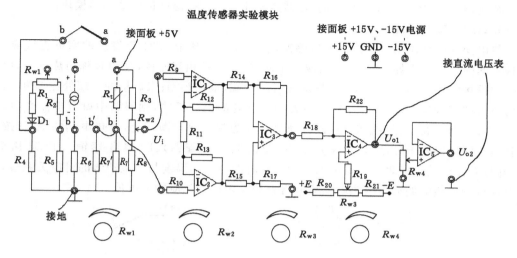

图 3-56　铜热电阻 Cu50 调理电路原理图

① 重复温度控制实验,将温度源的温度设定在 50 ℃,在温度源另一个温度传感器插孔中插入 Cu50 温度传感器。

② 将 ±15 V 直流稳压电源接至温度传感器实验模块,温度传感器实验模块的输出 U_{o1} 接主控台直流电压表,打开主控台及智能调节仪电源。

③ 短接模块上差动放大器的输入端 U_i,调节电位器 R_{w3} 使直流电压表显示为零。

④ 拿掉短路线,按图 3-56 接线,并将 Cu50 传感器的三根引出线(同颜色的两个端子短接 a,另一端接 b)插入温度传感器实验模块中" R_t "。两端。并将 R_7 和一个 100 Ω 电阻 R_7' 并联(即将 b 和 b' 短接一起)。

⑤ 将 +5 V 直流电源接到电桥两端,电桥输出接到差动放大器的输入 U_i,将电位器 R_{w2} 逆时针旋到底,使输出 U_{o1} 为 0。

⑥ 按温度控制实验设置智能调节仪参数,改变温度源的温度,每隔 5 ℃记下 U_{o1} 的输出值(选择 20 V 挡),直到温度升至 120 ℃,并将实验结果填入附表 4-20 表 2 中。

3.20.5　注意事项

由于温度具有热惯性,应提前 15 ℃左右关闭加热源。

3.20.6　实验报告

完成附录部分实验报告,见附表 4-20。

3.21　热电偶测温实验

3.21.1　实验目的

① 了解 K 型热电偶的特性与应用。

② 了解 E 型热电偶的特性与应用。

③ 正确运用热电偶的分度表,算出所测温度值。

3.21.2 实验仪器

智能调节仪、Pt100、K 型热电偶、E 型热电偶、温度源、温度传感器实验模块。

3.21.3 实验原理

热电偶是一种使用最多的温度传感器,它的原理是基于 1821 年发现的塞贝克效应,即两种不同的导体或半导体 A 或 B 组成一个回路,其两端相互连接,A 和 B 称为热电极,焊接的一端是接触热场的 T 端,称为工作端或者测量端,也称热端;未焊接的一端处在温度 T_0 端称为自由端或者参考端,也称冷端。只要两节点处的温度不同,则回路中就有电流产生,见图 3-57(a),即回路中存在电动势,该电动势被称为热电势。国际上,将热电偶的 A、B 按热电材料不同分成若干分度号,如常用的 K(镍铬-镍硅或镍铝)、E(镍铬-康铜)、T(铜-康铜)等,并且有相应的分度表即参考端温度为 0 ℃ 时的测量端温度与热电动势的对应关系表,也可以通过测量热电偶输出的热电动势值再查分度表得到相应的温度值。

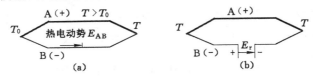

图 3-57 热电偶

两种不同导体或半导体的组合被称为热电偶。

当回路断开时,在断开处 a,b 之间便有一电动势 E_T,其极性和量值与回路中的热电势一致,见图 3-57(b),并规定在冷端,当电流由 A 流向 B 时,称 A 为正极,B 为负极。实验表明,当 E_T 较小时,热电势 E_T 与温度差 $(T-T_0)$ 成正比,如式(3-27)所示。

$$E_T = S_{AB}(T - T_0) \tag{3-27}$$

S_{AB} 为塞贝克系数,又称为热电势率,它是热电偶的最重要的特征量,其符号和大小取决于热电极材料的相对特性。

热电偶由 A、B 热电极材料及直径决定测温范围,K(镍铬-镍硅或镍铝)热电偶,偶丝直径 3.2 mm 时测温范围为 0~1 200 ℃,本实验用的 K 型热电偶偶丝直径为 0.5 mm,测温范围为 0~800 ℃;E(镍铬-康铜)热电偶,偶丝直径为 3.2 mm 时测温范围为 −200~+750 ℃,本实验用的 E 热电偶偶丝直径为 0.5 mm,测温范围为 −200~+350 ℃。

3.21.4 实验内容与步骤

(1) K 型热电偶测温实验

① 重复实验 Pt100 温度控制实验,将温度控制在 50 ℃,在另一个温度传感器插孔中插入 K 型热电偶温度传感器。

② 将 ±15 V 直流稳压电源接入温度传感器实验模块中。温度传感器实验模块的输出 U_{o1} 接主控台直流电压表。

③ 将温度传感器模块上差动放大器的输入端 U_i 短接,调节电位器 R_{w3} 使直流电压表显示为零。

④ 拿掉短路线,按图 3-58 接线,并将 K 型热电偶的两根引线,热端(红色)接 a,冷端(绿色)接 b,记下模块输出 U_{o1} 的电压值。

⑤ 改变温度源的温度,每隔 5 ℃ 记下 U_{o1} 的输出值(选择 2 V 挡),直到温度升至

120 ℃。并将实验结果记入附表 4-21 表 1 中。

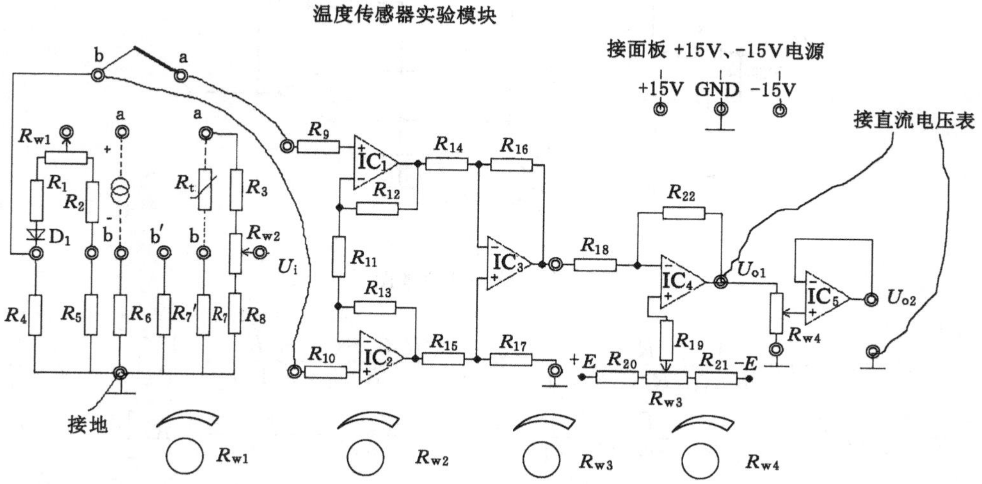

图 3-58 热电偶测温实验接线图

（2）E 型热电偶测温实验

① 重复 Pt100 温度控制实验,将温度控制在 50 ℃,在另一个温度传感器插孔中插入 E 型热电偶温度传感器。

② 将±15 V 直流稳压电源接入温度传感器实验模块中。温度传感器实验模块的输出 U_{o1} 接主控台直流电压表。

③ 将温度传感器模块上的差动放大器的输入端 U_i 短接,再调节电位器 R_{w3} 使直流电压表显示为零。

④ 拿掉短路线,按图 3-58 接线,并将 E 型热电偶的两根引线的热端(红色)接 a,冷端(绿色)接 b,并记下模块输出 U_{o1} 的电压值。

⑤ 改变温度源的温度,每隔 5 ℃记下 U_{o1} 的输出值(选择 2 V 挡),直到温度升至 120 ℃,并将实验结果记入附表 4-21 表 2 中。

3.21.5 实验报告

完成附录部分实验报告,见附表 4-21。

3.22 移相、相敏检波实验

3.22.1 实验目的

① 了解移相电路的原理和应用。

② 了解相敏检波电路的原理和应用。

3.22.2 实验仪器

移相器/相敏检波/低通滤波模块、±15 V 电源、信号源、示波器。

3.22.3 实验原理

由运算放大器构成的移相器原理图如图 3-59 所示:

由图 3-59 可求得该电路的闭环增益 $G(S)$ 如式(3-28),式(3-29)所示。

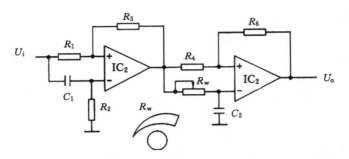

图 3-59　移相器原理图

$$G(S) = \frac{1}{R_1 R_4}\left[\frac{R_4 + R_6}{R_w C_2 S + 1} - R_6\right] \cdot \left[\frac{R_2 C_1 S(R_3 + R_1)}{R_2 C_1 S + 1} - R_3\right] \tag{3-28}$$

$$G(j\bar{\omega}) = \frac{1}{R_1 R_4}\left[\frac{R_4 + R_6}{j\bar{\omega}R_w C_2 + 1} - R_6\right] \cdot \left[\frac{j\bar{\omega}R_2 C_1(R_3 + R_1)}{j\bar{\omega}R_2 C_1 + 1} - R_3\right] \tag{3-29}$$

在实验电路中，常设定幅频特性 $|G(j\bar{\omega})| = 1$，为此选择参数 $R_1 = R_3$，$R_4 = R_6$，则输出幅度与频率无关，闭路增益可简化为式(3-30)。

$$G(j\bar{\omega}) = \frac{1 - j\bar{\omega}R_w C_2}{1 + j\bar{\omega}R_w C_2} \cdot \frac{j\bar{\omega}R_2 C_1 - 1}{j\bar{\omega}R_2 C_1 - 1} \tag{3-30}$$

则有：
$$|G(j\bar{\omega})| = 1 \tag{3-31}$$

$$\tan\varphi = \frac{2\left(\dfrac{1 - \bar{\omega}^2 R_w R_2 C_1 C_2}{\bar{\omega}R_w C_2 + \bar{\omega}R_2 C_1}\right)}{1 - \left(\dfrac{\bar{\omega}^2 R_w R_2 C_1 C_2 - 1}{R_2 C_1 \bar{\omega} + R_w C_2 \bar{\omega}}\right)^2} \tag{3-32}$$

由正切三角函数半角公式 $\tan\varphi = \dfrac{2\tan\dfrac{\varphi}{2}}{1 - \tan^2\dfrac{\varphi}{2}}$ 可得式(3-33)。

$$\varphi = 2\arctan\left(\frac{1 - \bar{\omega}^2 R_w R_2 C_1 C_2}{\bar{\omega}R_w C_2 + \bar{\omega}R_2 C_1}\right) \tag{3-33}$$

$R_w > \dfrac{1}{\bar{\omega}^2 R_2 C_1 C_2}$ 时，输出相位滞后于输入相位，当 $R_w < \dfrac{1}{\bar{\omega}^2 R_2 C_1 C_2}$ 时，输出相位超前输入相位。

相敏检波器原理图如图 3-60 所示：

图中 U_i 为输入信号端，AC 为交流参考电压输入端，U_o 为检波信号输出端，DC 为直流参考电压输入端。当 AC、DC 端输入控制电压信号时，通过差动电路的作用使 D 和 J 处于开或关的状态，从而把 U_i 端输入的正弦信号转换成全波整流信号。

原理图 3-60 中各元件的作用，C_1 为交流耦合电容隔离直流电流；IC_1 为反相过零比较器，将参考电压正弦波转化成矩形波(开关波 -14 V$\sim$14 V)；D_1 二极管箝位得到合适的开关波形 $V_1 \leqslant 0$ V(-14 V$\sim$0 V)；Q_1 是场效应管，工作在开关状态；IC_2 工作在倒相器、跟随器状态。Q_1 是由参考电压 V_1 矩形波控制的开关电路。当 $V_1 = 0$ 时，Q_1 导通，使 IC_2 同相输入 5 端接地成倒相器，即 $V_3 = -V_1$；当 $V_1 < 0$ 时，Q_1 截止，IC_2 成为跟随器，即 $V_3 = V_1$。相敏检波具有鉴相特性，输出 V_3 的变化由检波信号 V_1 与参考电压波形 V_2 之间的相位决定。

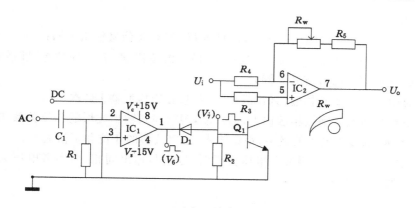

图 3-60　相敏检波器原理图

3.22.4　实验步骤

（1）移相实验

① 按照图 3-61 接线,连接实验台与实验模块电源线,信号源 U_{S1} 音频信号源幅值调节旋钮居中,频率调节旋钮最小,信号输出端 U_{S1} 0° 连接移相器输入端。

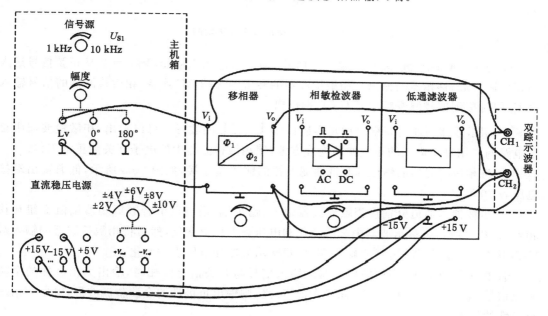

图 3-61　移相器实验接线图

② 打开实验台电源,示波器通道 1 和通道 2 分别接移相器输入与输出端,调整示波器,观察两路波形。

③ 调节移相器"移相"电位器,观察两路波形的相位差。

④ 改变音频信号源频率(频率/转速表频率挡监测),观察频率不同时移相器移相范围的变化。

⑤ 实验结束后,关闭实验台电源,整理好实验设备。

（2）相敏检波实验

① 连接实验台与实验模块电源线，信号源 U_{S1} 0° 音频信号输出 1 kHz，$V_{P-P} = 2$ V 正弦信号，接到相敏检波输入端 V_i，调节相敏检波模块电位器 R_w 到中间位置（即逆时针将电位器旋转到底，然后再顺时针旋转 5 圈）。

② 直流稳压电源 2 V 挡输出（正或负均可）接相敏检波器 DC 端。

③ 示波器两通道分别接相敏输入、输出端，观察输入输出波形的相位关系和幅值关系。

④ 改变 DC 端参考电压的极性，观察输入、输出波形的相位和幅值关系。

⑤ 由此可以得出结论：当参考电压为正时，输入与输出同相，当参考电压为负时，输入与输出反相，如图 3-62 所示。

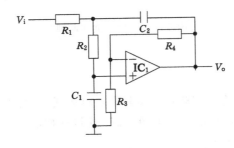

图 3-62　相敏检波实验接线图

⑥ 去掉 DC 端连线，将信号源音频信号 U_{S1} 0° 端输出 1 kHz，$V_{P-P} = 2$ V 正弦信号送入移相器输入端，移相器的输出与相敏检波器的参考输入端 AC 连接，相敏检波器的信号输入端 V_i 同时接到信号源音频信号 U_{S1} 0° 端输出。

⑦ 用示波器两通道观察附加观察插口 ⊓⎵ 、⎿⊓ 的波形。可以看出，相敏检波器中整形电路的作用是将输入的正弦波转换成方波，使相敏检波器中的电子开关能正常工作。

⑧ 将相敏检波器的输出端与低通滤波器的输入端连接，如图 3-63 所示，低通输出端接电压表 20 V 挡。

⑨ 示波器两通道分别接相敏检波器输入、输出端，适当调节音频振荡器幅值旋钮和移相器"移相"旋钮，观察示波器中波形变化和电压表电压值变化，然后将相敏检波器的输入端 V_i 改接至音频振荡器 U_{S1} 180° 输出端口，观察示波器和电压表的变化。

⑩ 由上可以看出，当相敏检波器的输入信号与开关信号同相时，输出为正极性的全波整流信号，电压表指示正极性方向最大值，反之，则输出负极性的全波整流波形，电压表指示负极性的最大值。

⑪ 将 U_{S1} 0° 接入相敏检波器的输入端 V_i，调节移相器"移相"旋钮，使直流电压表输出最大，利用示波器和电压表，测出相敏检波器的输入 V_{P-P} 值与输出直流电压 V_o 的关系。

3.22.5　注意事项

实验过程中正弦信号通过移相器后波形局部有失真，这并非仪器故障。

3.22.6　实验报告

完成附录部分实验报告，见附表 4-22。

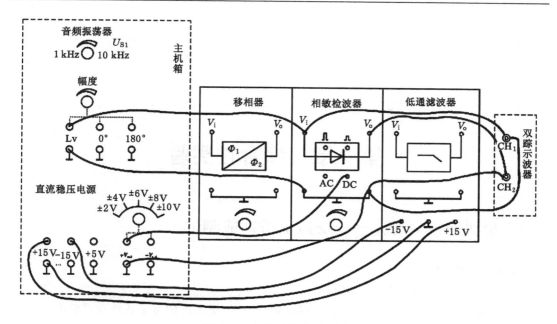

图 3-63 低通滤波器原理图

第4章 综合性实验

4.1 金属箔式应变片——交流全桥性能测试

4.1.1 实验目的

① 了解交流全桥电路的工作原理。

② 通过改变交流全桥的激励频率以提高和改善测试系统的抗干扰性和灵敏度。

4.1.2 实验仪器

移相器/相敏检波/低通滤波模块、应变传感器实验模块、±15 V 电源。

4.1.3 实验原理

图 4-1 是交流全桥的一般形式。当电桥平衡时，$R_1 R_4 = R_2 R_3$，电桥输出电压为零。若桥臂阻抗相对变化为 $\Delta R_1/R_1$、$\Delta R_2/R_2$、$\Delta R_3/R_3$、$\Delta R_4/R_4$，则电桥输出电压与桥臂阻抗的相对变化成正比。

传感器最好是纯电阻性或纯电抗性的，增大相角差可以提高交流电桥的灵敏度，交流电桥只有在满足输出电压的实部和虚部均为零的条件下才会平衡。

4.1.4 实验步骤

① 连接主控台与实验模块的电源线（见图 4-1），开启主控台电源，调节 R_{w4} 到最大（顺时针旋到底），差分放大电路输入短路，调节 R_{w3} 使 U_{o2} 输出为零。调节音频信号源输出端 $U_{S1} 0°$（+E）输出 1 kHz、$V_{p-p} = 8$ V 的正弦信号，按图 4-1 连接线路。

② 调节移相旋钮，使相敏检波器 U_o 端输出正负幅值相等的波形（直流电压表显示大致为 0），再调节电位器 R_{w1} 和 R_{w2}，使系统输出电压为零。

③ 装上砝码盘，分别从 20 g 增加砝码的质量（选择 200 mV 挡），将测得数据填入附表 4-23 表 1。

④ 信号源输出 $U_{S1} 0°$（+E）信号，$V_{p-p} = 8$ V，将频率分别调节成 2 kHz、4 kHz、6 kHz、8 kHz，分别测出交流全桥输出电压值 U_o，填入附表 4-23 表 2。

4.1.5 实验报告

完成附录部分实验报告，见附表 4-23。

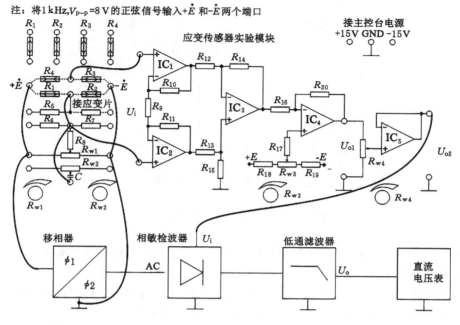

图 4-1　交流全桥接线图

4.2　交流全桥振幅测量

4.2.1　实验目的

① 了解金属箔式电阻应变片的结构和工作原理。

② 了解交流全桥测量动态应变参数的原理与方法。

③ 熟悉非平衡电桥的输出灵敏度特性。

4.2.2　实验仪器

应变传感器模块、移相器/相敏检波/低通滤波模块、振动源、示波器。

4.2.3　实验原理

将应变传感器模块电桥的直流电源 E 换成交流电源 $\dot{E}$，则构成一个交流全桥,其输出 $u=\dot{E}\dfrac{\Delta R}{R}$,用交流电桥测量交流应变信号时,桥路输出为一调制波。当双平行振动梁被不同频率的信号激励时,起振幅度不同,贴于应变梁表面的应变片所受应力不同,电桥输出信号大小也不同,若激励频率与梁的固有频率相同时则产生谐振,此时电桥输出信号最大,根据这一原理可以找出梁的固有频率。

图 4-2 是应变片振幅测量实验原理图。当振动源上的振动台受到 $F(t)$ 作用振动,使粘贴在振动梁上应变片产生应变信号 dR/R。应变信号 dR/R 由振荡器提供的载波信号 $y(t)$ 经交流电桥调制成微弱调幅波,再经差动放大器放大为 $u_1(t)$;$u_1(t)$ 经相敏检波器检波解调为 $u_2(t)$;$u_2(t)$ 经低通滤波器滤除高频载波成分后输出应变片检测到的振动信号 $u_3(t)$（调幅波的包络线）,$u_3(t)$ 可用示波器显示。图 4-2 中交流电桥是一个调制电路,R_{w1}、R_8、R_{w2}、

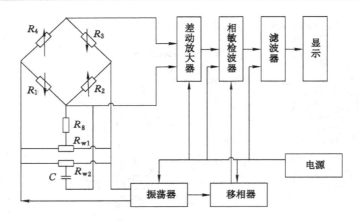

图 4-2　应变片振幅测量实验原理图

C 是交流电桥的平衡调节网络,移相器为相敏检波器提供同步检波的参考电压。

4.2.4　实验内容与步骤

① 不用模块上的应变电阻,改用振动梁上的应变片,通过导线连接到振动源的"应变输出",四个应变电片通过导线接到应变传感器模块的虚线全桥上。

② 按照交流全桥性能测试实验连接电路(见图 4-3),调节 R_{w4} 到最大(顺时针旋到底),差分放大电路输入端短路,调节 R_{w3} 使 V_{o2} 输出为零。调节移相旋钮,使相敏检波器 U_o 端输出正负幅值相等的波形(直流电压表显示大致为 0),再调节电位器 R_{w1} 和 R_{w2},使系统输出

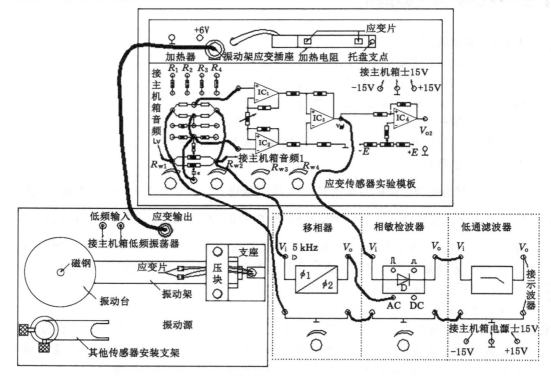

图 4-3　应变片振幅测量接线图

电压为零。

③ 将信号源 U_{s2} 低频振荡器输出接入振动源的低频信号输入端,调节低频输出幅度和频率使振动源(圆盘)有明显振动。

④ 保持低频振荡器幅度不变,改变低频振荡器输出信号的频率(用频率/转速表监测亦可用虚拟示波器频率监测窗口监测),每增加 3 Hz 读出低通滤波器输出电压 V_o 的峰-峰值,填入附表 4-24 中,画出实验曲线,找到振幅最大时的频率(及振动源的共振频率)。

4.2.5 注意事项

① 进行此实验时低频信号源幅值旋钮约放在 3/4 位置为宜。

② 传感器专用插头(黑色航空插头)的插、拔法:插头要插入插座时,只要将插头上的凸锁对准插座的平缺口稍用力自然往下插;插头要拔出插座时,必须用大拇指用力往内按住插头上的凸锁同时往上拔。

4.2.6 实验报告

完成附录部分实验报告,见附表 4-24。

4.3 差动变压器测试系统的标定

4.3.1 实验目的

了解差动变压器测量系统的组成和标定方法。

4.3.2 实验仪器

差动变压器模块、测微头(千分尺)、差动变压器、移相器/相敏检波/低通滤波模块、示波器。

4.3.3 实验原理

同实验 3.4。

4.3.4 实验内容与步骤

① 将差动变压器安装在差动变压器实验模块上,并按图 4-4 连线。

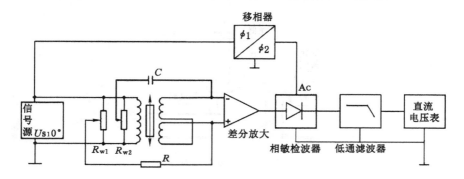

图 4-4 差动变压器系统标定接线图

② 检查连线无误后,打开主控台电源,调节音频信号源输出频率,使次级线圈波形不失真,将中间铁芯移至最左端,然后调节移相器,使移相器的输入输出波形正好是同相或反相时,用测微仪将铁芯置于线圈中部,再用示波器观察差分放大器输出至最小,调节电桥 R_{w1}、

R_{w2} 电位器使系统输出电压为零。

③ 用测微仪分别将铁芯向左和向右移动 5 mm,每位移 0.5 mm 记录电压值并填入表 1。

④ 实验结束后,关闭电源,整理好实验设备。

4.3.5　注意事项

① 系统标定需调节电桥、移相器、衔铁三者位置,正确的调节方法是:用手将衔铁压至线圈最底部,调节移相器,用示波器两个通道观察相敏检波器端口,当两端口波形正好为同相或反相时恢复衔铁位置,这样才能做到系统输出灵敏度最高并且正负对称。

② 实验过程中加在差动变压器原边的音频信号幅值不能过大,以免烧毁差动变压器传感器。如果接着做下一个实验则各旋钮及接线不得变动。

4.3.6　实验报告

完成附录部分的实验内容,见附表 4-25。

4.4　差动变压器的应用——测量振动

4.4.1　实验目的

了解差动变压器测量振动的方法及其实际应用。

4.4.2　实验仪器

差动变压器模块、测微头(千分尺)、差动变压器、移相器/相敏检波/低通滤波模块、振动源、示波器。

4.4.3　实验原理

利用差动变压器的静态位移特性测量动态参数。当差动变压器的衔铁连接杆与被测体连接时即可检测到被测体的位移变化或振动。

4.4.4　实验内容与步骤

① 将差动变压器按图 4-5 安装在振动源单元上。

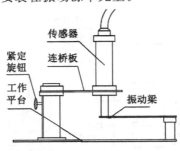

图 4-5　振动源安装示意图

② 打开主控台电源,用示波器观察信号源音频振荡器" $U_{s1}0°$ "输出,使其输出频率为 4 kHz, $V_{p-p} = 2$ V 的正弦信号。

③ 将差动变压器的输出线连接到差动变压器模块上,并按"差动变压器测试系统的标定(见图 4-4)"实验接线。检查接线无误后,打开固定稳压电源开关。

④ 用示波器观察差分放大器输出,调整传感器连接支架高度,使示波器显示的波形幅

值最小。仔细调节差动变压器使差动变压器铁芯能在差动变压器内自由滑动,用"紧定旋钮"固定。

⑤ 用手按压振动梁,使差动变压器产生一个较大的位移,调节移相器使移相器输入输出波形正好同相或者反相,仔细调节 R_{w1} 和 R_{w2} 使低通滤波器输出波形幅值更小,可视为零点。

⑥ 振动源"低频输入"接振荡器低频输出"U_{S2}",调节低频输出幅度旋钮和频率旋钮,使振动梁振荡较为明显。用示波器观察低通滤波器的输出波形。

⑦ 保持低频振荡器的幅度不变,改变振荡频率,用示波器测量输出波形的幅度 $V_{P\text{-}P}$,记下实验数据,填入附表 4-26 表 1。

4.4.5　实验报告

完成附录部分的实验内容,见附表 4-26。

4.4.6　注意事项

① 低频激振电压幅值不要过大,以免梁在共振频率附近振幅过大。

② 实验过程中加在差动变压器原边的音频信号幅值不能过大,以免烧毁差动变压器传感器。

4.5　差动变压器传感器的应用——电子秤

4.5.1　实验目的

了解差动变压器传感器的应用。

4.5.2　实验仪器

差动变压器模块、差动变压器、移相器/相敏检波/低通滤波模块、电桥、振动源、20 g 砝码(10 个)。

4.5.3　实验原理

利用差动变压器传感器的静态位移特性和双平衡梁组成简易电子秤系统。

4.5.4　实验内容与步骤

① 按"差动变压器振动测量实验"安装传感器(见图 4-5)并按其接线方式接线(见图 4-4),在双平衡梁处于自由状态时,参照实验 4.4(差动变压器振动测量实验)的步骤④和步骤⑤,将系统输出电压调节为零,低通滤波器输出接电压表 20 V 挡。

② 将砝码逐个放上振动梁(砝码放在振动梁的左端边缘,第二个砝码叠在第一个砝码之上,以免振动梁和传感器上的磁钢影响实验)。

③ 直至将所有砝码放到振动梁上,将砝码质量与输出电压值记入附表 4-27 表 1。

4.5.5　实验报告

完成附录部分的实验内容,见附表 4-27。

4.5.6　注意事项

① 由于悬臂梁的机械弹性滞后,此电子秤的线性和重复性不一定太好。

② 不宜太重,以免梁端位移过大。

③ 应放在平台中间部位,为使操作方便,可将测微头卸掉。

4.6　差动电感式传感器位移特性测试

4.6.1　实验目的

① 了解差动电感式传感器的原理。

② 比较和差动变压器传感器的不同。

4.6.2　实验仪器

差动变压器模块、测微头(千分尺)、差动变压器(即差动电感式传感器)、移相器/相敏检波/低通滤波模块、示波器。

4.6.3　实验原理

差动电感式传感器由电感线圈的两个次级线圈反相串接而成,工作在自感基础上,由于衔铁在线圈中位置的变化使两个线圈的电感量发生变化,包括两个线圈在内组成的电桥电路的输出电压信号因而也发生相应变化。

4.6.4　实验内容与步骤

① 按差动变压器性能实验(见图 3-15)将差动电感式传感器安装在差动变压器实验模块上,将传感器引线插入实验模块插座中。

② 连接主控台与实验模块电源线,按图 4-4 连线组成测试系统,两个次级线圈必须接成差动状态。

③ 使差动电感式传感器的铁芯偏在一边,使差分放大器有一个较大的输出,调节移相器使输入输出同相或者反相,然后调节电感传感器铁芯到中间位置,使差分放大器输出波形最小。

④ 调节 R_{w1} 和 R_{w2} 使电压表显示为零,当衔铁在线圈中左、右位移时,$L_2 \neq L_3$,电桥失衡,输出电压信号的大小与衔铁位移量成比例。

⑤ 以衔铁位置居中为起点,分别向左、向右各位移 5 mm,记录 V、X 值并填入附表 4-28 表 1(每位移 0.5 mm 记录一个数值)。

4.6.5　实验报告

完成附录部分的实验报告,见附表 4-28。

4.7　差动电感式传感器测量振动

4.7.1　实验目的

了解差动电感式传感器测量振动的原理。

4.7.2　实验仪器

差动变压器模块、差动变压器(即差动电感式传感器)、移相器/相敏检波/低通滤波模块、振动源。

4.7.3　实验原理

利用差动螺管式电感传感器的静态特性测量振动源的动态参数。

4.7.4　实验内容与步骤

① 按差动变压器振动测量实验将差动电感式传感器安装在振动源模块上(见图 4-4),

将传感器引线插入实验模块插座中。

②　按差动电感传感器位移特性实验调整好系统各部分器件及电路后（见图 4-6），调整传感器的高度，使铁芯位于差动变压器的中心（此时，差分放大器输出波形最小），信号源低频信号输出 U_{s2} 接振动源"低频输入"。

③　开主控台电源，保持低频信号输出幅值不变，改变振荡频率，将动态测试结果记入附表 4-29 表 1。

4.7.5　注意事项

振动梁振动时以与周围各部件不发生碰擦为宜，否则会产生非正弦振动。

4.7.6　实验报告

完成附录部分的实验内容，见附表 4-29。

4.8　激励频率对电感式传感器的影响

4.8.1　实验目的

了解不同的激励信号频率对差动电感式传感器的影响。

4.8.2　实验仪器

差动变压器模块、差动变压器（即差动电感式传感器）、移相器/相敏检波/低通滤波模块、测微头（千分尺）。

4.8.3　实验原理

电感传感器的灵敏度与频率特性密切相关，改变输入信号的频率，观察输出灵敏度的影响。对一个系统来讲，某一特定频率时系统最为灵敏，在测试系统中应选用这个激励频率。

4.8.4　实验内容与步骤

①　按差动变压器性能实验（见图 3-15）将差动电感式传感器安装在差动变压器实验模块上，将传感器引线插入实验模块插座中。

②　差动电感的激励信号（$U_{s1}0°$ 音频信号）频率从 2 kHz 起每隔 2 kHz 进行一次"差动电感式传感器位移特性实验（见实验 4.6）"的操作，并将结果记入附表 4-30 表 1。

4.8.5　实验报告

完成附录部分的实验内容，见附表 4-30。

4.9　电容式传感器的位移特性实验

4.9.1　实验目的

①　了解电容传感器的结构及特点。

②　掌握变面积式电容传感器的工作原理。

③　了解电容式传感器测量电路的工作原理及组成。

4.9.2　实验仪器

电容传感器、电容传感器模块、测微头、直流电压表、直流稳压电源、绝缘帽、移相器/相敏检波器/低通滤波器。

4.9.3　实验原理

电容式传感器是以各种类型的电容器为传感元件，将被测物理量的变化转换为电容量变化的一种传感器，电容传感器输出的是电容的变化量，平板电容器原理，如式(4-1)所示。

$$C = \frac{\varepsilon S}{d} = \frac{\varepsilon_0 \cdot \varepsilon_r \cdot S}{d} \tag{4-1}$$

式中，S 为极板面积；d 为极板间距离；ε_0 为真空介电常数；ε_r 为介质相对介电常数。由此可以看出当被测物理量使 S、d 或 ε_r 发生变化时，电容量 C 随之发生改变。如果保持其中两个参数不变，而仅改变其中一个参数，就可以构成测干燥度（ε 变）、测位移（d 变）和测液位（S 变）等多种电容传感器。所以电容传感器可以分为三种类型：改变极间距离的变间隙式，改变极板面积的变面积式和改变介质电常数的变介电常式。本实验采用的传感器为圆筒式变面积差动结构的电容式位移传感器，结构如图 4-6 所示：它由两个圆筒和一个圆柱组成，设圆筒半径为 R，圆柱半径为 r，圆柱长为 l，则电容量为 $C = \varepsilon 2\pi l/\ln(R/r)$。图中 C_1、C_2 采用差动连接，当圆柱中产生 Δx 位移时，电容量的变化量为 $\Delta C = C_1 - C_2 = \varepsilon 2\pi 2\Delta x/\ln(R/r)$，式中，$\varepsilon 2\pi$、$\ln(R/r)$ 为常数，说明 ΔC 和 Δx 位移成正比，配上配套测量电路就可以测量位移。

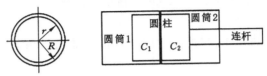

图 4-6　电容传感器结构

图 4-7 为电路的核心部分，它是二极管环路充放电电路。在图 4-7 中，环路充放电电路由 VD_3、VD_4、VD_5、VD_6 二极管，C_6 电容，L_1 电感和 C_{X1}、C_{X2} 实验差动电容位移传感器组成。当高频激励电压（$f > 100\ kHz$）输入到 a 点，由低电平 E_1 跃到高电平 E_2 时，电容 C_{X1}、C_{X2} 两端高压均由 E_1 充到 E_2。充电电荷一路由 a 点经 VD_3 到 b 点，再对 C_{X1} 充电到零点（地）；另一路由 a 点经 C_6 到 c 点，再经 VD_5 到 d 点对 C_{X2} 充电到零点。此时，VD_4 和 VD_6 由于反向偏置而截止。在 t_1 充电时间内，由 a 点到 c 点的电荷量如式(4-2)所示。

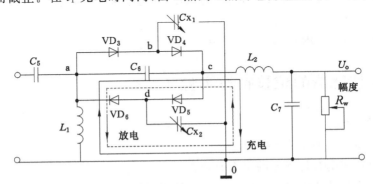

图 4-7　二极管环路充放电电路

$$Q_1 = C_{X2}(E_2 - E_1) \tag{4-2}$$

当高频激励电压由高电平 E_2 返回至低电平 E_1 时，电容 C_{X1} 和 C_{X2} 均放电。C_{X1} 经 b 点，

VD_4、c 点、C_6、a 点、L_1 放电到零点；C_{X2} 经 d 点、VD_6、L_1 放电到零点。在 t_2 放电时间内，由 c 点到 a 点的电荷量如式(4-3)所示。

$$Q_2 = C_{X1}(E_2 - E_1) \tag{4-3}$$

式(4-2)和式(4-3)是在 C_6 电容值远大于传感器 C_{X1} 和 C_{X2} 电容值的前提下得到的结果。电容 C_6 的充放电回路方块图如图 4-8 所示。在一个充放电周期内($T = t_1 + t_2$)，由 c 点到 a 点的电荷量如式(4-4)所示。

$$Q = Q_2 - Q_1 = (C_{X1} - C_{X2})(E_2 - E_1) = \Delta C_X \Delta E \tag{4-4}$$

在式(4-4)中，C_{X1} 和 C_{X2} 的变化趋势是相反的，设激励电压频率为 $f = 1/T$，则流过 ac 支路的输出平均电流 i 如式(4-5)所示。

$$i = fQ = f\Delta C_X \Delta E \tag{4-5}$$

式中　ΔE ——激励电压幅值；

　　　ΔC_X ——传感器的电容变化量。

由式(4-5)可以看出：f、ΔE 一定时，输出平均电流 i 与 ΔC_X 成正比，此输出平均电流 i 经电路中的电感 L_2、电容 C_7 滤波变为直流 I 输出，再经 R_w 转换成电压输出 $U_o = IR_w$。由传感器原理知 ΔC 与 ΔX 位移成正比，所以通过测量电路的输出电压 U_o 就可以知道 ΔX 位移。

电容位移传感器实验原理框图如图 4-8 所示。

图 4-8　电容式位移传感器实验方块图

4.9.4　实验内容与步骤

① 按图 4-9 所示将电容传感器安装在电容传感器模块上，将传感器引线插入实验模块插座中。

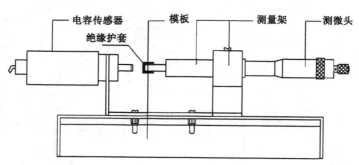

图 4-9　电容传感器安装示意图

② 将电容传感器模块的输出 U_o 接到直流电压表，接入 ±15 V 电源，合上主控台电源开关，将电容传感器调至中间位置(将 R_w 逆时针调到底，然后顺时针调节 5 圈)，调节测微头使直流电压表显示为 0(选择 2V 挡，R_w 确定后不能改动)。

③ 旋动测微头推进电容传感器的共享极板(下极板)，每隔 0.2 mm 记下位移量 X 与输出电压值 U_o 的变化，填入附表 4-31 表 1。

4.9.5 注意事项

① 电容动片与两定片之间的片间距离须相等，必要时可稍作调整。位移和振动时均应避免擦片现象，否则会造成输出信号突变。

② 如果差动放大器输出端用示波器观察到波形中有杂波，请将电容变换器增益进一步调小。

③ 测微头在实验移动过程中，要慢点移动，避免移过了位置再移回来，这样会造成测量数据不准确。因为测微头是有间隙的，再旋回来位置会有误差，若不小心旋过头，那么就要重新测量这组数据，之前测量的数据就无效了。

4.9.6 实验报告

完成附录部分实验报告，见附表 4-31。

4.10 电容传感器动态特性测试

4.10.1 实验目的

了解电容传感器的动态性能的测量原理与方法。

4.10.2 实验仪器

电容传感器、电容传感器模块、相敏检波模块、振荡器频率/转速表、直流稳压电源、振动源、示波器、绝缘帽。

4.10.3 实验原理

该实验原理与电容传感器位移特性实验原理相同，具体接线示意图如图 4-10 所示。

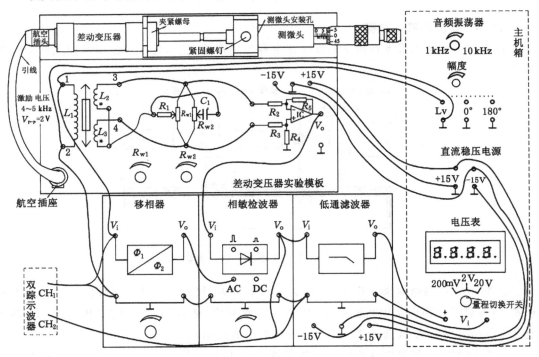

图 4-10　电容传感器位移实验接线示意图

4.10.4　实验内容与步骤

① 将电容传感器安装到振动源传感器支架上(见图 4-5),传感器引线接入传感器模块,输出端 U_o 接相敏检波模块低通滤波器的输入 U_i 端,低通滤波器输出 U_o 接示波器。调节 R_w 到最大位置(顺时针旋到底),通过"紧定旋钮"使电容传感器的动极板处于中间位置,U_o 输出为 0。

② 主控台信号源的 U_{S2} 输出接到振动源的"低频信号输入"端,振动频率选"5～15 Hz"之间,振动幅度初始调到零。

③ 将实验台±15 V 电源接入电容传感器模块,检查接线无误后,打开主控台电源,调节振动源激励信号的幅度,用示波器观察电容传感器模块输出波形。

④ 保持信号源 U_{S2} 输出幅度不变,改变振动频率(用主控台频率计监测),用示波器测出 U_o 输出的峰-峰值,填入附表 4-32 表 1。

4.10.5　注意事项

振动梁的谐振频率取决于振动梁自重及所受外力,因此谐振频率未必是一个整数点,有可能出现非整数的谐振点,所以共振频率以实际测量为准。

4.10.6　实验报告

完成附录部分实验报告,见附表 4-32。

4.11　交流激励时霍尔式传感器的位移特性实验

4.11.1　实验目的

① 了解交流激励时霍尔式传感器的特性。
② 了解霍尔式传感器在静态测量中的应用。

4.11.2　实验仪器

霍尔传感器模块、移相相敏检波模块、霍尔传感器、测微头、直流电源、直流电压表。

4.11.3　实验原理

交流激励时霍尔式传感器与直流激励一样,基本工作原理相同,不同之处是测量电路。当霍尔元件通过恒定电流,霍尔元件在梯度磁场中上下移动时,输出的霍尔电势 U_H 取决于其在磁场中的位移量 X,所以测得霍尔电势的大小便可获知霍尔元件的静位移。利用这一特性进行位移测量。

4.11.4　实验内容与步骤

① 将霍尔传感器安装到霍尔传感器实验模块上,接线如图 4-11。

② 调节信号源的音频调频和音频调幅旋钮,使音频信号源的"$U_{S1}0°$"输出端输出频率为 1 kHz、$V_{P-P}=4$ V 的正弦波(注意:峰-峰值不应过大,否则会烧毁霍尔组件)。

③ 开启电源,直流电压表选择"2V"挡,将测微头的起始位置调到"10 mm"处,手动调节测微头的位置,使霍尔片大概在磁钢的中间位置(电压表大致为 0),固定测微头,再调节 R_{w1}、R_{w2},用示波器检测,使霍尔传感器模块输出 U_o 为一条直线。

④ 移动测微头,使霍尔传感器模块有较大输出,调节移相器旋钮,使检波器输出为一全波。

⑤ 退回测微头,使数字电压表显示为 0,以此作为 0 点,每隔 0.2 mm 记一个读数,直到

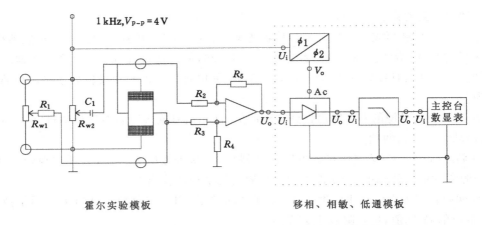

图 4-11　交流激励时霍尔式传感器的位移特性实验接线图

读数近似不变,将读数填入附表 4-33 表 1。

4.11.5　实验报告

完成附录部分实验报告,见附表 4-33。

4.12　电涡流传感器转速及振动测量实验

4.12.1　实验目的

① 了解电涡流传感器测量转速的原理与方法。

② 了解电涡流传感器测量振动的原理与方法。

4.12.2　实验仪器

电涡流传感器、转动源、+5 V、±6、±8、±10 V、+24 V 直流电源、电涡流传感器模块、振动源、铁圆盘。

4.12.3　实验原理

电涡流传感器对不同材质的被测物会输出不同的静态位移,选择合适的工作点即可测量转速。根据电涡流传感器位移特性,根据被测材料选择合适的工作点即可测量振动。

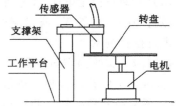

图 4-12　电涡流传感器安装示意图

4.12.4　实验内容与步骤

(1)电涡流传感器转速测量

① 将电涡流传感器安装到转动源传感器支架上(见图 4-12),引出线接电涡流传感器实验模块,实验接线如图 4-13 所示。

② 合上主控台电源,选择不同电源 12 V(±6)、16 V(±8)、20 V(±10)、24 V 驱动转动源,可以观察到转动源转速的变化,待转速稳定后,记录驱动电压对应的转速,也可用示波器观测磁电传感器的输出波形,数据记录在附表 4-34 表 1。

(2)电涡流传感器测量振动实验

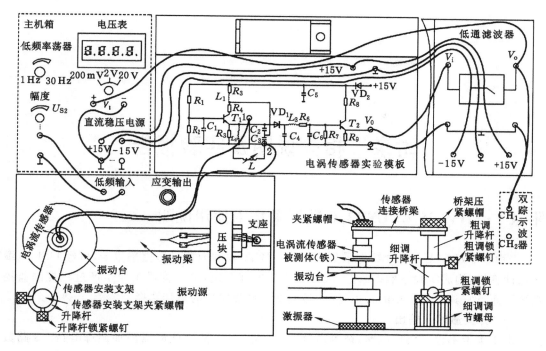

图 4-13　电涡流传感器接线图

① 将铁盘平放到振动梁最左端的位置,根据图 4-12 安装电涡流传感器,注意传感器端面与被测体(铁圆盘)之间的安装距离即为线性区域(可利用实验 3.12 中铁材料的特性曲线找出)。

② 将电涡流传感器的连接线接到模块上标有"〜〜〜"的两端,模块电源用连接导线从实验台接入 +15 V 电源,实验模板输出端接示波器。将信号源的"低频输出 U_{S2}"接到振动源的"低频输入"端,"低频调频"调到最小位置、"U_{S2} 幅度调节"调到中间位置,打开主控台电源开关。

③ 调节"低频调频"旋钮,使振动梁有微小振动。从示波器观察电涡流实验模块的输出波形,记录不同振动频率下电涡流传感器模块输出波形的峰-峰值,将数据记录在附表 4-34表 2。

4.12.5　注意事项

① 本实验的转速控制为开环控制,电机通电后线圈内的阻值及阻抗随通电时间的加长会有细微的改变,因此宏观表现就是电机转速达到稳定后会有一定的微小跳变,这是一种正常现象,该现象由电机本身的性质所决定。

② 振动梁的谐振频率取决于振动梁自重及所受外力,因此谐振频率未必是一个整数点,有可能出现非整数的谐振点,所以共振频率以实际测量为准。

4.12.6　实验报告

完成附录部分实验报告,见附表 4-34。

附录　相关说明及实验报告

附录1:THVLW 型 USB2.0 数据采集卡使用说明

　　"THVLW 型 USB2.0 数据采集卡"是 USB2.0 总线兼容的数据采集卡,可经 USB 电缆接入计算机,构成实验室数据采集、波形分析和处理系统,也可构成工业生产过程控制监控系统。而且它具有体积小的特点,因此是便携式系统用户的最佳选择。

一、开关量输入输出

　　由于本卡不包含调理电路,被测信号在-1 V$\sim$$+1$ V 之间时需添加调理电路。8 路数字量输入,5 路数字量输出,数字端口满足标准 TTL 电气特性。数字量输入高电平(即"1")的最低电压为 2.7 V;数字量输入低电平(即"0")的最高电压为 2.4 V;数字量输出高电平(即"1")的最低电压为 3.4 V;数字量输出低电平(即"0")的最高电压为 0.5 V。

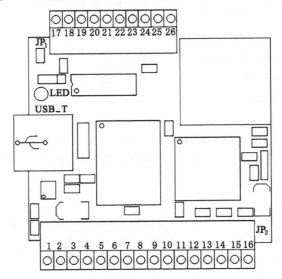

附图 1　主要元件位置图

二、主要元件位置图

　　JP$_1$ 为模拟信号输入连接插座,JP$_2$ 为开关量输入、输出插座,USB_T 为 USB 接口,LED 为电源指示灯,与计算机通过 USB 电缆连接后,此指示灯应亮。

1：DGND；2：DI0；3：DI1；4：DI2；5：DI3；6：DI7；7：DI6；8：DI5；9：DI4；10：DGND；11：DO4；12：DO3；13：DO2；14：DO1；15：DO0；16：DGND；17：AGND；18：AI3；19：AI2；20：AI1；21：AI0；22：AI7；23：AI6；24：AI5；25：AI4；26：AGND；其中 AI0～AI7 表示 AD 输入通道号，AGND 表示模拟地，DI0～DI7 表示开关量输入，DO0～DO5 表示开关量输出，DGND 为数字地。

附录 2:K 型热电偶分度表

附表 2-1　K 型热电偶分度表　　　　　分度号:K,单位:mV

温度/℃	0	1	2	3	4	5	6	7	8	9
0	0	0.039	0.079	0.119	0.158	0.198	0.238	0.277	0.317	0.357
10	0.397	0.437	0.477	0.517	0.557	0.597	0.637	0.677	0.718	0.758
20	0.798	0.858	0.879	0.919	0.960	1.000	1.041	1.081	1.122	1.162
30	1.203	1.244	1.285	1.325	1.366	10407	1.4487	1.480	1.529	1.570
40	1.611	1.652	1.693	1.734	1.776	1.817	1.858	1.899	1.940	1.981
50	2.022	2.064	2.105	2.146	2.188	2.229	2.270	2.312	2.353	2.394
60	2.436	2.477	2.519	2.560	2.601	2.643	2.684	2.726	2.767	2.809
70	2.850	2.892	2.933	2.975	3.016	3.058	30100	3.141	3.183	3.224
80	3.266	3.307	3.349	3.390	3.432	3.473	3.515	3.556	3.598	3.639
90	3.681	3.722	3.764	3.805	3.847	3.888	3.930	3.971	4.012	4.054
100	4.095	4.137	4.178	4.219	4.261	4.302	4.343	4.384	4.426	4.467
110	4.508	4.549	4.600	4.632	4.673	4.714	4.755	4.796	4.837	4.878
120	4.919	4.960	5.001	5.042	5.083	5.124	5.161	5.205	5.2340	5.287
130	5.327	5.368	5.409	5.450	5.190	5.531	5.571	5.612	5.652	5.693
140	5.733	5.774	5.814	5.855	5.895	5.936	5.976	6.016	6.057	6.097
150	6.137	6.177	6.218	6.258	6.298	6.338	6.378	6.419	6.459	6.499

附录 3:E 型热电偶分度表

附表 3-1　E 型热电偶分度表　　　　　　　　　分度号:E,单位:mV

温度/℃	热电动势/mV									
	0	1	2	3	4	5	6	7	8	9
0	0.000	0.059	0.118	0.176	0.235	0.295	0.354	0.413	0.472	0.532
10	0.591	0.651	0.711	0.770	0.830	0.890	0.950	1.011	1.071	1.131
20	1.192	1.252	1.313	1.373	1.434	1.495	1.556	1.617	1.678	1.739
30	1.801	1.862	1.924	1.985	2.047	2.109	2.171	2.233	2.295	2.357
40	2.419	2.482	2.544	2.057	2.669	2.732	2.795	2.858	2.921	2.984
50	3.047	3.110	3.173	3.237	3.300	3.364	3.428	3.491	3.555	3.619
60	3.683	3.748	3.812	3.876	3.941	4.005	4.070	4.134	4.199	4.264
70	4.329	4.394	4.459	4.524	4.590	4.655	4.720	4.786	4.852	4.917
80	4.983	5.047	5.115	5.181	5.247	5.314	5.380	5.446	5.513	5.579
90	5.646	5.713	5.780	5.846	5.913	5.981	6.048	6.115	6.182	6.250
100	6.317	6.385	6.452	6.520	6.588	6.656	6.724	6.792	6.860	6.928
110	6.996	7.064	7.133	7.201	7.270	7.339	7.407	7.476	7.545	7.614
120	7.683	7.752	7.821	7.890	7.960	8.029	8.099	8.168	8.238	8.307
130	8.377	8.447	8.517	8.587	8.657	8.827	8.842	8.867	8.938	9.008
140	9.078	9.149	9.220	9.290	9.361	9.432	9.503	9.573	9.614	9.715
150	9.787	9.858	9.929	10.000	10.072	10.143	10.215	10.286	10.358	4.429

附录 4:实验报告

附表 4-1 金属箔式应变片性能实验报告

班级: 学号: 姓名: 年 月 日

实验 3.1 金属箔式应变片性能实验	
测预习思考题	1. 什么是应变片的灵敏度系数?它与金属电阻丝的灵敏度系数有何不同?为什么? 2. 何为电阻应变效应?怎样利用这种效应制成应变片?

表 1　单臂电桥性能实验

质量 m_1/g									
电压 U_o/mV									

表 2　双臂电桥性能实验

质量 m_2/g									
电压 U_o/mV									

表 3　全桥性能实验

质量 m_3/g									
电压 U_o/mV									

变参数测量

1. 根据表 1、表 2、表 3 分别计算单臂电桥、双臂电桥和全桥系统灵敏度 $S = \Delta U/\Delta W$（ΔU 为输出电压变化量，ΔW 为质量变化量）和非线性误差 $\delta = \Delta m/y_{\mathrm{F.s}} \times 100\%$，式中 Δm 为输出值（多次测量时为平均值）与拟合直线的最大偏差，$y_{\mathrm{F.s}}$ 为满量程（200 g）输出平均值。

2. 在坐标纸上采用最小二乘拟合法（使数据点均匀分布在直线两边）分别画出表 1、表 2、表 3 的实验曲线。

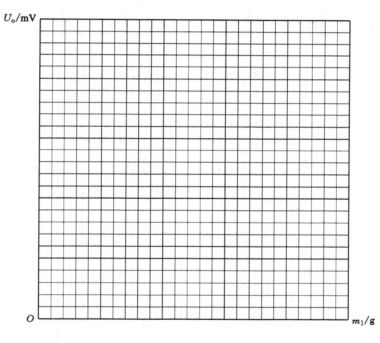

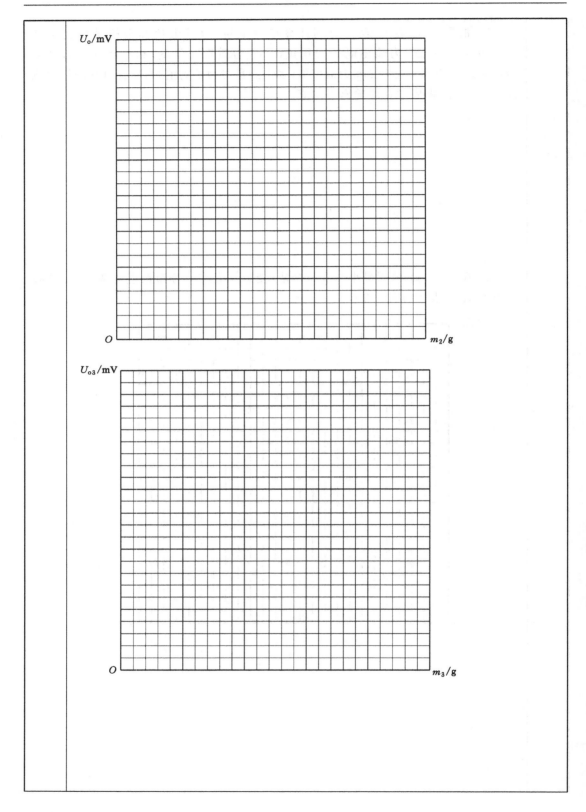

思考题

1. 半桥测量时引起非线性误差的原因是什么?

2. 全桥测量中,当两组对边(R_1、R_3 为对边)电阻值相同时,即 $R_1 = R_3$,$R_2 = R_4$,而 $R_1 \neq R_2$ 时,是否可以组成全桥?

预习报告:	
数据处理:	
指导教师:	

附表 4-2　直流全桥的应用——电子秤实验报告

班级：　　　学号：　　　姓名：　　　　　　　　　年　月　日

实验 3.2　直流全桥的应用——电子秤实验	
测预习思考题	1. 金属式应变片和半导体式应变片在工作原理上有什么不同？ 2. 某工程技术人员在进行材料拉力测试时在棒材上贴了两组应变片，如何利用这四片电阻应变片组成电桥，是否需要外加电阻？
数据测量	**表 1** $$\begin{array}{\|c\|c\|c\|c\|c\|c\|c\|c\|c\|}\hline 质量\,m/\mathrm{g} & & & & & & & & \\\hline 电压\,U_\circ/\mathrm{mV} & & & & & & & & \\\hline\end{array}$$ 1. 根据实验记录的数据，计算电子秤的灵敏度 $S = \Delta U/\Delta W$ 和非线性误差 δ。

2. 在坐标纸上采用最小二乘拟合法(使数据点均匀分布在直线两边)画出表1的实验曲线。

U_0/mV

O m/g

1. 根据实验结果,思考本实验中的电子秤在性能和精度上与市面上的电子秤相比是高还是低? 有哪些可以改进的地方?

2. 分析什么因素会导致电子秤的非线性误差增大,怎么消除? 若要增加输出灵敏度,应采取哪些措施?

思考题

预习报告:	
数据处理:	
指导教师:	

附表 4-3　扩散硅压阻式压力传感器的压力测量实验报告

班级：　　　学号：　　　姓名：　　　　　　　　　　　　年　月　日

实验 3.3　扩散硅压阻式压力传感器的压力测量实验	
预习思考题	1. 分析压阻式传感器在现场应用中产生非线性误差的原因？ 2. ΔP 转化成 ΔV 输出用什么方法？

数据测量

表 1

P_1/kPa								
U_{o_2}/V								

表 2

P_2/kPa								
U_{o_2}/V								

表 3

P_3/kPa								
U_{o_2}/V								

表 4

P_4/kPa								
U_{o_2}/V								

根据表 1、表 2、表 3、表 4 所得数据,画出压力传感器输入 $P(P_1-P_2)$-U_{o2} 曲线。

P_1 加压时的实验数据

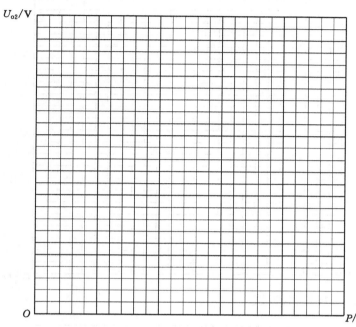

P_2 加压时的实验数据

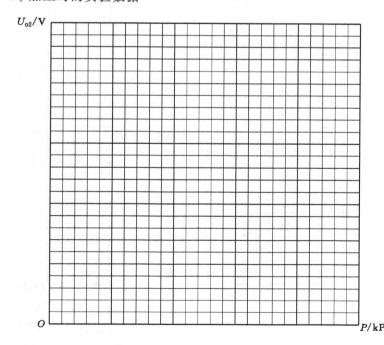

P_1 退压时的实验数据

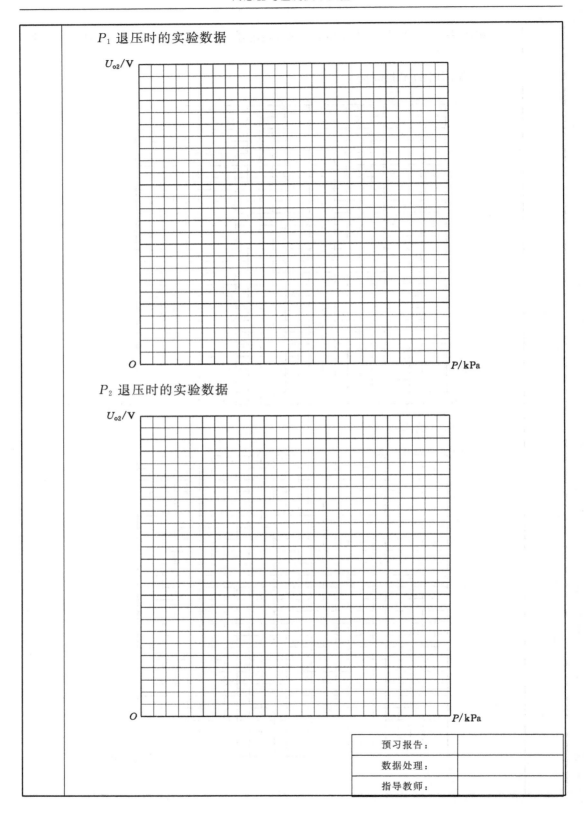

P_2 退压时的实验数据

预习报告：	
数据处理：	
指导教师：	

附表 4-4　差动变压器性能实验报告

班级：　　　　学号：　　　　姓名：　　　　　　　　年　月　日

实验 3.4　差动变压器性能测试	
预习思考题	1. 差动变压器的工作原理是什么？ 2. 试分析差动变压器与一般电源变压器的异同？

数据测量

表 1

X/mm									
$V_{\text{p-p}}/\text{mV}$									

　　根据表 1 画出 $V_{\text{p-p}}$-X 曲线，计算出量程为 $\pm 1\text{ mm}$、$\pm 3\text{ mm}$ 灵敏度 S 和非线性误差 δ。

U_{RP}/mV

O X/mm

思考题

1. 分析差动变压器的输出特性。

2. 什么叫残余电压？分析产生的原因。

预习报告：	
数据处理：	
指导教师：	

附表 4-5 差动变压器零点残余电压补偿实验报告

班级： 学号： 姓名： 年 月 日

实验 3.5 差动变压器零点残余电压补偿	
预习思考题	1. 何谓零点残余电压？
	2. 减小零点残余电压的方法有哪些？

表 1

X/mm									
U_o/mV									

根据表 1 画出 V_{p-p}-X 曲线，分析经过补偿的零点残余电压波形。

数据测量

U_{P-P}/mV

O f/Hz

1. 根据实验现象观察零点残余电压主要包含什么波形成分?

2. 比较实验 3.4 差动变压器性能测试和实验 3.5 差动变压器零点残余电压补偿的实验结果,你有哪些结论?

思
考
题

预习报告:	
数据处理:	
指导教师:	

附表 4-6 激励频率对差动变压器特性的影响实验报告

班级：　　　　学号：　　　　姓名：　　　　　　　　　　　　年　月　日

	实验 3.6 　激励频率对差动变压器特性的影响
预习思考题	1. 激励频率对差动变压器输出特性有哪些影响？ 2. 如何调节激励频率使得其影响最小？
数据测量	**表 1** 根据表 1 实验数据作出幅频特性曲线。

表 1

f/kHz	1	2	3	4	5	6	7	8	9
U_o/V									

根据表 1 实验数据作出幅频特性曲线。

U_o/mV

O 　　　　　　　　　　　　　　　　　　　　f/Hz

思考题	1. 请根据实验数据分析差动变压器激励频率的最佳范围？ 2. 根据实验数据可以得出哪些结论？

预习报告：	
数据处理：	
指导教师：	

附表 4-7　直流激励时霍尔传感器的位移特性实验报告

班级：　　　　学号：　　　　姓名：　　　　　　　　　　　年　月　日

实验 3.7　直流激励时霍尔传感器的位移特性实验

<table>
<tr><td rowspan="2">预习思考题</td><td>1. 梯度磁场是如何实现的？</td></tr>
<tr><td>2. 用霍尔元件作位移测量时，为什么只允许其工作在梯度磁场范围？</td></tr>
<tr><td rowspan="2">数据测量</td><td>表 1</td></tr>
<tr><td>

X/mm								
U_o/mV								

根据表 1 作出直流激励时霍尔传感器的位移特性曲线 X-U_o。

</td></tr>
</table>

思
考
题

1. 本实验中霍尔元件位移的线性度实际上反映的是什么量的变化？

2. 根据 $X\text{-}U_{\circ}$ 曲线，计算不同线性范围时的灵敏度 S 和非线性误差 δ。

预习报告：	
数据处理：	
指导教师：	

附表 4-8 霍尔传感器的应用——电子秤实验报告

班级： 学号： 姓名： 年 月 日

实验 3.8 霍尔传感器的应用——电子秤实验	
预习思考题	1. 说一说霍尔传感器的应用实例？ 2. 该电子秤系统所加质量受到什么限制？

<table>
<tr><td colspan="9" style="text-align:center">表 1</td></tr>
<tr><td>W/g</td><td></td><td></td><td></td><td></td><td></td><td></td><td></td><td></td></tr>
<tr><td>U_o/V</td><td></td><td></td><td></td><td></td><td></td><td></td><td></td><td></td></tr>
</table>

根据表 1 数据，作出 U_o-W 曲线

数据测量

思考题

1. 如何通过计算传感器的灵敏度来求物体的质量?

2. 思考根据 U_o-W 曲线,在取走砝码后在平台放一不知质量的物品,根据曲线坐标值大致求出此物质量。

预习报告:	
数据处理:	
指导教师:	

附表 4-9 霍尔传感器振动测量实验报告

班级： 学号： 姓名： 年 月 日

实验 3.9 霍尔传感器振动测量实验	
预习思考题	1. 什么是霍尔效应？霍尔电压与哪些因素有关？
	2. 霍尔传感器用于测振幅和称重的原理是什么？

表 1

振动频率 f/Hz	5	6	7	8	9	10	11	12	13	14	15	18	20	22	24	26	30
$V_{P\text{-}P}/V$																	

根据表 1 实验数据，作出 $f\text{-}V_{P\text{-}P}$ 曲线。

（数据测量）

$V_{P\text{-}P}/mV$

O f/Hz

思考题	1. 分析霍尔传感器测量振动的波形，找出振动源的谐振频率。 2. 在某一固定频率，调节低频振荡器的幅度旋钮，改变悬臂梁的振动幅度，通过示波器读出的数据是否可以推算出悬臂梁振动时的位移距离？

预习报告：	
数据处理：	
指导教师：	

附表 4-10　转速测速实验报告

班级：　　　　学号：　　　　姓名：　　　　　　　　　　　年　月　日

	实验 3.10　转速测速实验
预习思考题	1. 分析霍尔组件产生脉冲的原理。 2. 分析磁电式传感器测量转速原理。
数据测量	表 1 表 2 表 3

表 1

电压 V/V	+6 V	+8 V	+10 V	+12 V	+16 V	+20 V	+24 V
转速 $n/(\text{r/min})$							

表 2

电压 V/V	+6 V	+8 V	+10 V	+12 V	+16 V	+20 V	+24 V
转速 $n/(\text{r/min})$							

表 3

电压 V/V	6 V	8 V	10 V	12 V	16 V	20 V	24 V
转速 $n/(\text{r/min})$							

根据表 1、表 2、表 3 记录的驱动电压和转速作 V-n 曲线,并与其他传感器测得的曲线比较。

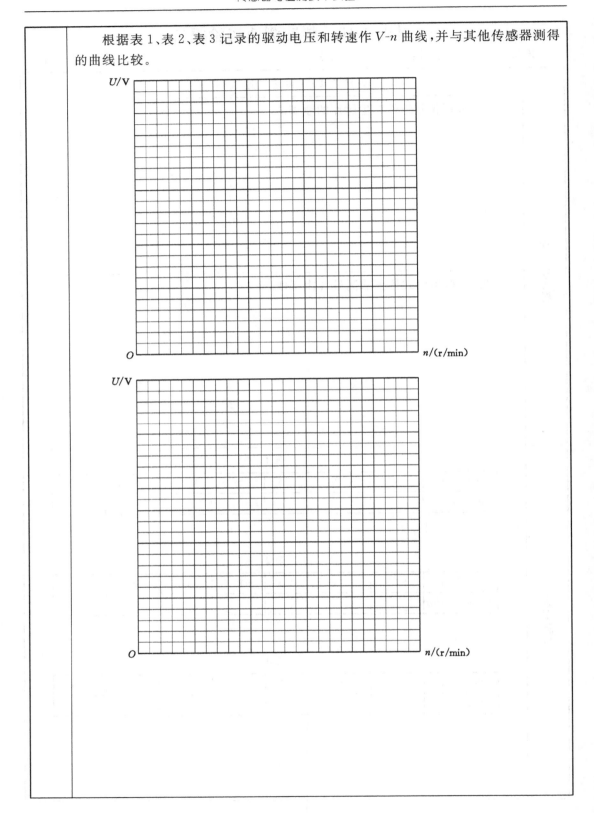

| 思
考
题 | U/V

 O 　　　　　　　　　　　　　　　　　$n/(\text{r/min})$

1. 为什么磁电式转速传感器不能测很低速的转动,请说明理由。 |

预习报告:	
数据处理:	
指导教师:	

附表 4-11　压电式传感器振动实验报告

班级：　　　　学号：　　　　姓名：　　　　　　　　　年　月　日

实验 3.11　压电式传感器振动实验	
预习思考题	1. 说一说什么是压电效应？家里的燃气灶是如何实现点火的？
	2. 简述物体的固有谐振频率的特性,并举例说明物体的固有谐振频率有何危害？

表 1

振动频率 f/Hz	6	7	8	9	10	11	12	13	14	15	16
$U_{o(p\text{-}p)}$/V											

根据表 1 数据作出 f-$U_{o(P\text{-}P)}$ 曲线。

数据测量

$U_{o(P\text{-}P)}$/V

O　　　　　　　　　　　　　　　　　　　　f/Hz

思考题	1. 影响压电传感器测量精度的因素有哪些？ 　　2. 改变低频输出信号的频率,记录振动源不同振动幅度下压电传感器输出波形的频率和幅值,并由此得出振动系统的共振频率。

预习报告:	
数据处理:	
指导教师:	

附表 4-12 电涡流传感器的位移特性实验报告

班级：　　　　学号：　　　　姓名：　　　　　　　　　　　　　年　月　日

实验 3.12　电涡流传感器的位移特性测试	
预习思考题	1. 电涡流传感器测量距离时需要什么样的特性？ 2. 为什么不同的介子对电涡流传感器的特性不同？

数据测量

表 1　位移特性

X/mm										
U_o/V										

表 2　铜质被测体

X/mm										
U_o/V										

表 3　铝质被测体

X/mm										
U_o/V										

表 4　小直径的铝质被测体

X/mm										
U_o/V										

1. 根据表 1 数据,画出 $U_o\text{-}X$ 曲线,并根据曲线找出线性区域及进行正、负位移测量时的最佳工作点,并计算量程为 1 mm、3 mm 及 5 mm 时的灵敏度 S 和线性度 δ(可以用端点法或其他拟合直线)。

U_o/V

O X/mm

1. 用电涡流传感器进行非接触位移测量时,如何根据使用量程选用传感器?

思考题

预习报告:	
数据处理:	
指导教师:	

附表 4-13 电涡流传感器的应用——电子秤实验报告

班级：　　　　学号：　　　　姓名：　　　　　　　　　　　年　月　日

实验 3.13　电涡流传感器的应用——电子秤实验	
预习思考题	1. 实际应用中的称重系统常用的有利用杠杆平衡原理（天平），弹性元件的应力变化、弹性元件的变形量（位移），还有利用其他原理的称重系统吗？ 2. 简述电涡流传感器实现电子秤称重的原理是什么？
数据测量	表 1 {表格} 根据附表 1 记录的数据，作出 U_o-W 曲线。

表 1

W/g								
U_o/V								

根据附表 1 记录的数据，作出 U_o-W 曲线。

	1. 假如在取走砝码后在平台放一不知质量的物品,请根据曲线坐标值大致求出此物的质量?
思考题	

预习报告:	
数据处理:	
指导教师:	

附表 4-14　光纤传感器位移特性实验报告

班级：　　　学号：　　　姓名：　　　　　　　　　　　年　月　日

实验 3.14　　光纤传感器位移特性实验	
预习思考题	1. 查阅传感器相关理论知识，说明光纤位移传感器测位移时对被测体的表面有什么要求？ 2. 说明电信号和光信号之间的转换在实际应用中有何作用？
数据测量	**表 1** 根据表 1 数据，画出 X-U_o 曲线。

表 1

X/mm								
V_{o1}/V								

根据表 1 数据，画出 X-U_o 曲线。

1. 根据 $X\text{-}V_{o1}$ 曲线，确定光纤位移传感器大致的线性范围，并算出其灵敏度 S 和非线性误差 δ。

2. 光作为传感器工作检测媒介还有哪些工作方式？

思
考
题

预习报告：	
数据处理：	
指导教师：	

附表 4-15   光纤传感器的测速实验报告

班级：　　　学号：　　　姓名：　　　　　　　　　　　　年　月　日

实验 3.15 光纤传感器的测速实验	
预习思考题	1. 光在光纤中是怎样传输的？对光纤及入射光的入射角有什么要求？ 2. 实验中用了多种传感器测量转速，试分析比较哪种方法最方便、简单。
数据测量	**表 1** | 驱动电压 V/V	6	8	10	12	16	20	24
---	---	---	---	---	---	---	---
转速 n/(r/min)								 1. 根据记录的驱动电压和转速，作 V-n 曲线。 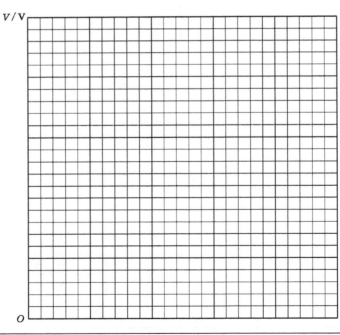

思 考 题	1. 思考光纤传感器的特点,说出有哪些因素会影响测量的准确性,测速的误差有哪些? 2. 测量转速时转速盘上的反射点的多少对测速精度是否有影响?

预习报告:	
数据处理:	
指导教师:	

附表 4-16 光纤传感器的测速实验报告

班级：　　　　学号：　　　　姓名：　　　　　　　　　年　月　日

实验 3.16 光纤传感器测量振动实验	
预习思考题	1. 试分析电容式、光纤式、电涡流式三种传感器测量振动时的特点？
	2. 光纤传感器振动测量实验原理是什么？

数据测量

表 1

振动频率 f/Hz	5	6	7	8	9	10	11	12	13	14	15	16	17	18	19
V_{P-P}/V															

根据表 1 数据作 f-V_{P-P} 曲线。

V_{P-P}/V

O　　　　　　　　　　　　　　　　　　　　f/Hz

<table>
<tr><td rowspan="2">思
考
题</td><td>1. 分析霍尔传感器测量振动的波形（ $f\text{-}V_{\text{P-P}}$ 曲线），找出振动源的固有频率。</td></tr>
<tr><td>

预习报告：	
数据处理：	
指导教师：	

</td></tr>
</table>

附表 4-17 光纤传感器的测速实验报告

班级： 　　学号： 　　姓名： 　　　　　　　　年 月 日

实验 3.17　磁敏元件转速测量实验							

<table>
<tr><td rowspan="6">预习思考题</td><td colspan="8">1. 简述磁敏传感器的工作原理。</td></tr>
<tr><td colspan="8"></td></tr>
<tr><td colspan="8">2. 什么是磁阻效应。</td></tr>
<tr><td colspan="8"></td></tr>
<tr><td rowspan="10">数据测量</td><td colspan="8">表 1</td></tr>
<tr><td>驱动电压 U_{o2}/V</td><td>6</td><td>8</td><td>10</td><td>12</td><td>16</td><td>20</td><td>24</td></tr>
<tr><td>转速 $n/(r/min)$</td><td></td><td></td><td></td><td></td><td></td><td></td><td></td></tr>
<tr><td colspan="8">1. 根据表 1 数据作转动源输入输出 $(V\text{-}n)$ 曲线。</td></tr>
</table>

1. 根据表 1 数据作转动源输入输出 $(V\text{-}n)$ 曲线。

$n(\text{r/min})$

O 　　　　　　　　　　　　　　　　　U_{o2}/V

1. 思考可以用哪些传感器测量转速,并说出各类传感器的特点及适用范围。

思
考
题

预习报告:	
数据处理:	
指导教师:	

附表 4-18 硅光电池特性测试实验报告

班级：　　　学号：　　　姓名：　　　　　　　年　月　日

实验 3.18　硅光电池特性测试实验	
预习思考题	1. 硅光电池的主要参数和基本特性有哪些？
	2. 动态电阻和通常的电源内阻是否是同一概念？请简述之。

表 1

I/mA									驱动电流
U_{o1}/V									零偏
U_{o2}/V									负偏

数据处理

1. 根据记录的数据，作 $I\text{-}U_{o1}$，$I\text{-}U_{o2}$ 曲线。

U_{o2}/V

O I/mA

思考题

1. 如何提高硅光电池的转换效率?

2. 为什么负载变化时硅光电池的输出功率会变化?

预习报告：	
数据处理：	
指导教师：	

附表 4-19　集成温度传感器的温度特性实验报告

班级：　　　　学号：　　　　姓名：　　　　　　　　　　　年　月　日

实验 3.19　集成温度传感器的温度特性实验

<table>
<tr><td rowspan="2">预习思考题</td><td>1. 什么是集成温度传感器？P-N 结为什么可以用来做温敏元件？</td></tr>
<tr><td>2. 热电阻、热电偶、AD590 的测温机理有何区别？三者如何拾取温度信号？</td></tr>
</table>

表 1

$T/℃$								
U_{o1}/V								

表 2

$T/℃$								
U_{o1}/V								

数据测量

1. 根据表 1、表 2 测得的数据,作出 $T\text{-}U$ 曲线。

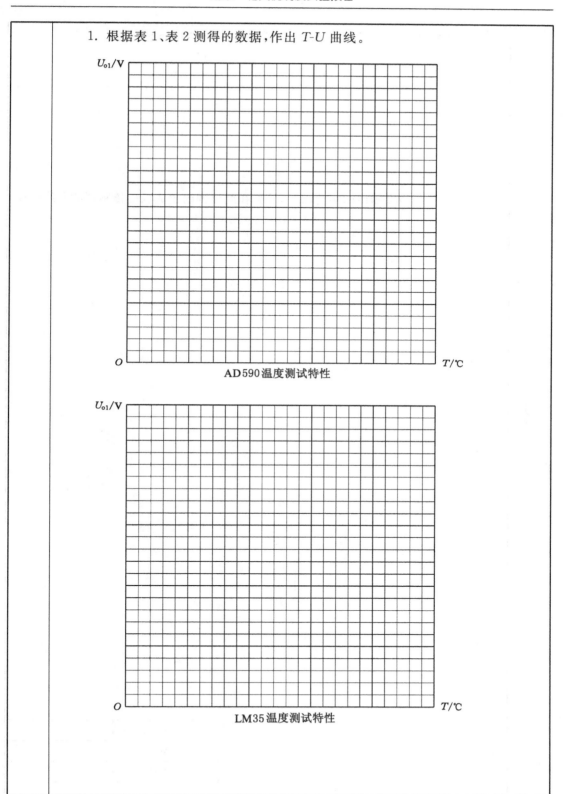

AD590温度测试特性

LM35温度测试特性

思考题

1. 比较 AD590 和 LM35 温度特性,可以得出哪些结论?

2. 由表 1、表 2 画出的实验曲线,计算在此范围内集成温度传感器的非线性误差 δ。

预习报告:	
数据处理:	
指导教师:	

附表 4-20 电阻温度特性测试实验报告

班级： 学号： 姓名： 年 月 日

	实验 3.20 电阻温度特性测试实验
预习思考题	1. 如何根据测温范围和精度要求选用热电阻？ 2. 为什么实验时希望敏感元件的输出具有良好的线性度？
数据测量	**表 1** 根据表 1、表 2 实验数据，作出 U_{o1}-T 曲线。 PT100 温度测试特性

表 1

$T/℃$													
U_{o1}/V													

表 2

$T/℃$													
U_{o1}/V													

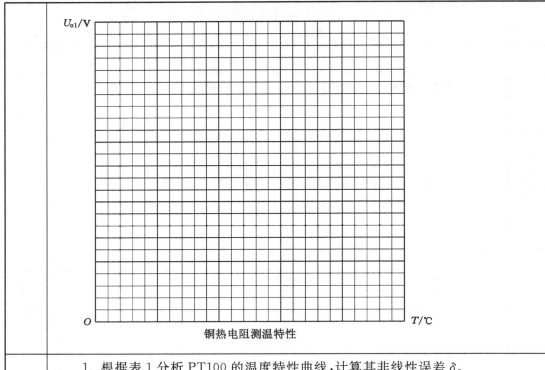

U_{o1}/V

O $T/℃$

铜热电阻测温特性

思考题

1. 根据表1分析PT100的温度特性曲线,计算其非线性误差 δ。

2. 实验误差与哪些因素有关? 请验证:计算公式中的 R_3、R_4、$R_1 + R_{w_1}$（它们的阻值在不接线的情况下用 $4\frac{1}{2}$ 位数显万用表测量）、VC用实际测量值代入计算是否会减小误差?

附表 4-21　热电偶测温实验报告

班级：　　　　学号：　　　　姓名：　　　　　　　　　　　年　月　日

	实验 3.21　热电偶测温实验
预习思考题	1. 解释下列关于热电偶的名词：热电效应、热电势、接触电势、分度表。 2. 某热电偶的热电势在 600 ℃时，输出 $E=5.257$ mV，若冷端温度为 0 ℃，测某炉温输出热电势 $E=5.267$ mV。试求该加热炉实际温度是多少。

数据测量

表 1

$T/℃$									
U_{o1}/V									

表 2

$T/℃$									
U_{o1}/V									

根据表 1、表 2 实验数据，作出 $U_{o1}\text{-}T$ 曲线。

K 型热电偶测温曲线

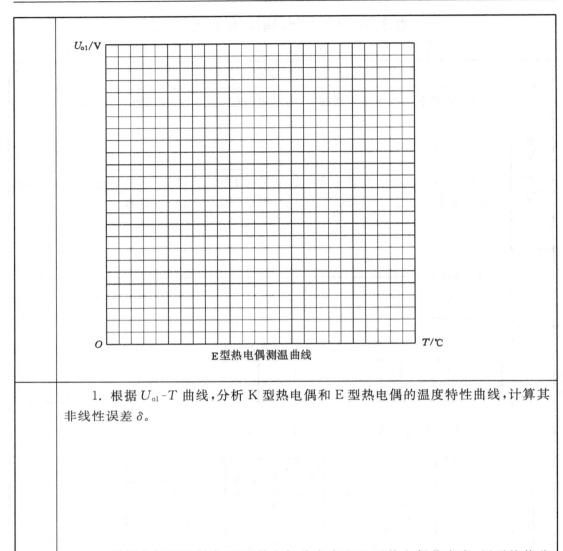

E型热电偶测温曲线

1. 根据 U_{o1}-T 曲线,分析 K 型热电偶和 E 型热电偶的温度特性曲线,计算其非线性误差 δ。

2. 根据中间温度定律、K 型热电偶分度表和 E 型热电偶分度表,用平均值分别计算出差动放大器的放大倍数 A_1 和 A_2。

思考题

附表 4-22 移相、相敏检波实验报告

班级： 学号： 姓名： 年 月 日

实验 3.22 移相、相敏检波实验

预习思考题

1. 怎样理解相敏检波同时具有鉴幅、鉴相特性？

2. 说明相敏检波器输入电压峰-峰值与输出直流电压的关系？

数据测量

表 1

输入 $V_{p\text{-}p}$/V	1	2	3	4	5	6	7	8	9
输出 V_o/V									

根据实验所得的数据，作相敏检波器输入输出曲线 $V_{\text{P-P}}\text{-}V_o$。

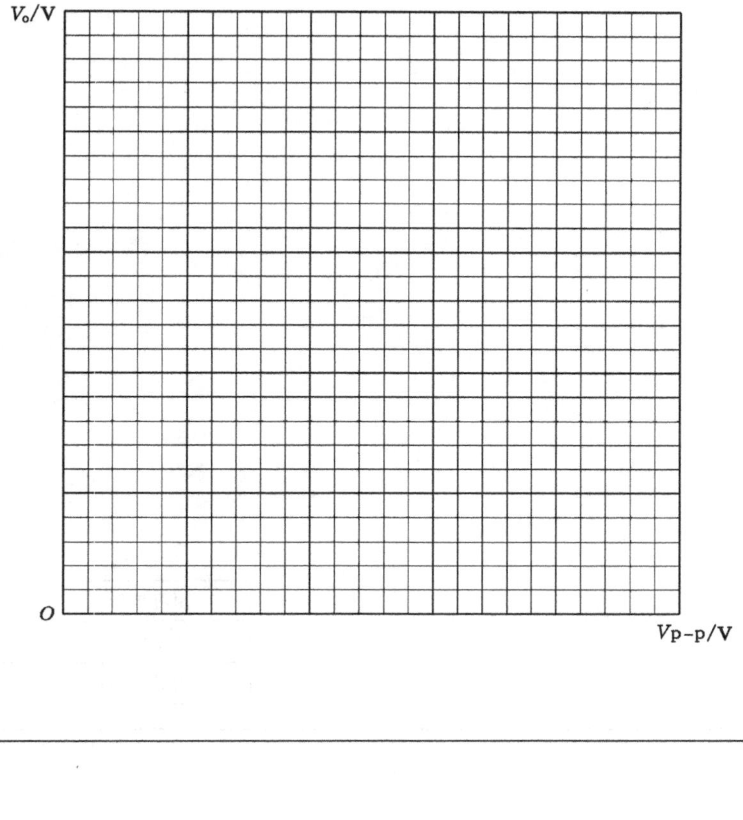

思 考 题	1. 根据实验所得的数据,对照移相器电路图分析其工作原理。 2. 对照移相器、相敏检波器电路图分析其工作原理,并得出相敏检波器的最佳工作频率。

预习报告:	
数据处理:	
指导教师:	

附表 4-23 金属箔式应变片——交流全桥性能测试实验报告

班级： 学号： 姓名： 年 月 日

	实验 4.1 金属箔式应变片——交流全桥性能测试
预习思考题	1. 分析移相器的工作原理？说明实验中采用移相、相敏检波和滤波电路有何作用？ 2. 传感器不受外力作用时,理论上电桥应处于初始平衡状态,但实际测量时,电桥总是有点不平衡,为什么？

表 1

m/g										
U_o/mV										

表 2

m/g	20	40	60	80	100	120	140	160	180	200	频率
U_o/mV											

数据测量

1. 根据表 1 数据，在坐标上作出 $m\text{-}U_0$ 曲线，求出灵敏度 S，并与直流称重系统进行比较。

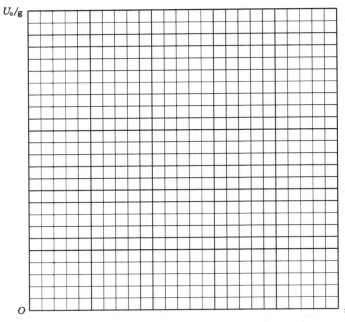

2. 根据表 2 数据，在坐标上作出不同激励频率下的 $m\text{-}U_0$ 曲线，比较灵敏度，观察系统工作的稳定性，并由此得出结论，此系统工作在哪个频率区段中较为合适。

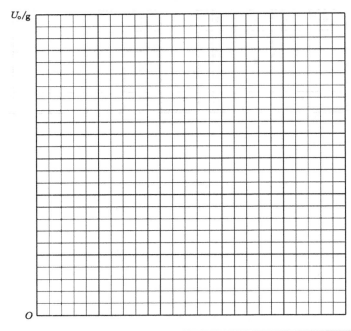

附表 4-24　交流全桥振幅测量实验报告

班级：　　　　学号：　　　　姓名：　　　　　　　　　　年　月　日

实验 4.2　交流全桥振幅测量

预习思考题	1. 请归纳直流电桥和交流电桥的特点。 2. 什么是径向应变？

数据测量

表 1　应变交流全桥振动测量实验数据

f/Hz									
$V_{o(P\text{-}P)}/\text{mV}$									

根据表 1 数据画出 $V_{o(P\text{-}P)}\text{-}f$ 曲线。

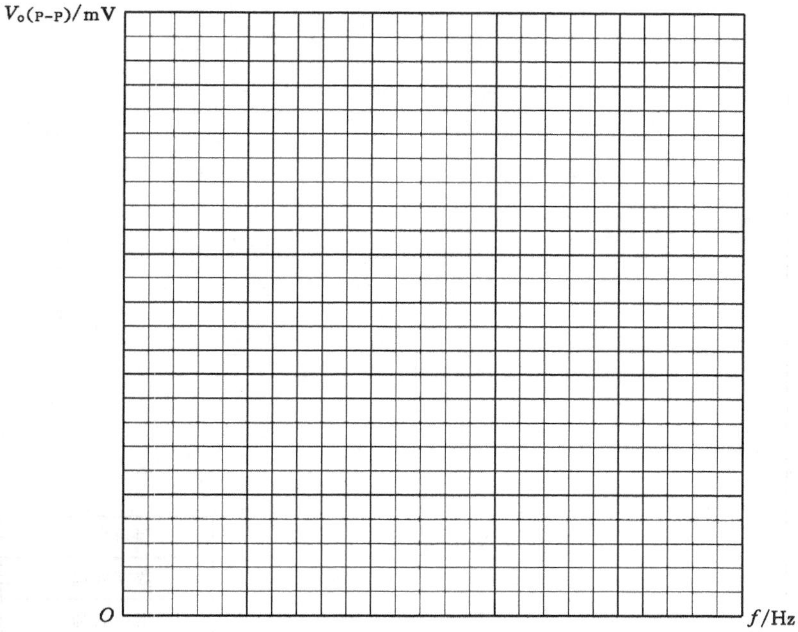

思
考
题

1. 在交流电桥测量中,对音频振荡器频率和被测梁振动频率之间有什么要求?

2. 在交流电桥中,必须有_____个可调参数才能使电桥平衡,这是因为电路存在_____引起的。

预习报告:	
数据处理:	
指导教师:	

附表 4-25 差动变压器测试系统的标定实验报告

班级： 学号： 姓名： 年 月 日

实验 4.3 差动变压器测试系统的标定	
预习思考题	1. 画出实验的原理图？ 2. 相敏检波电路的工作原理？
数据测量	**表 1** <table><tr><td>位移/mm</td><td></td><td></td><td></td><td></td><td></td><td></td><td></td><td></td><td></td><td></td></tr><tr><td>电压/V</td><td></td><td></td><td></td><td></td><td></td><td></td><td></td><td></td><td></td><td></td></tr></table>

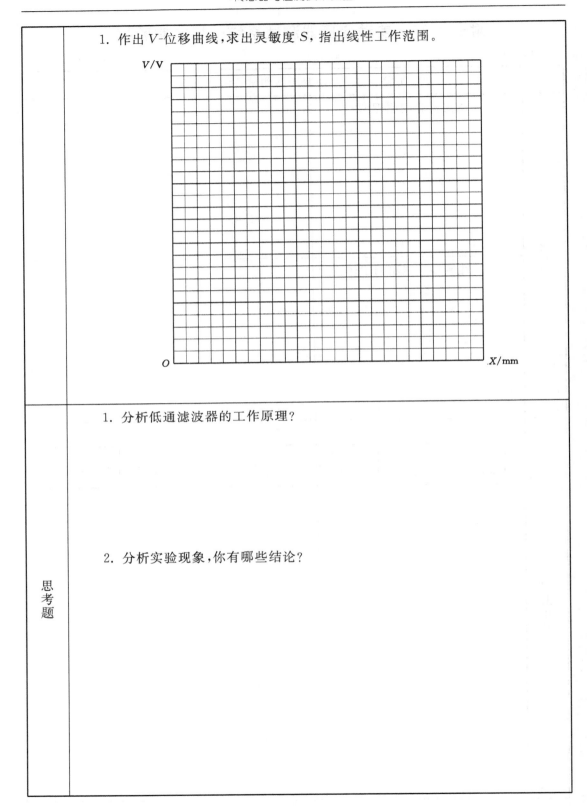

1. 作出 V-位移曲线,求出灵敏度 S,指出线性工作范围。

思考题

1. 分析低通滤波器的工作原理?

2. 分析实验现象,你有哪些结论?

附表 4-26 差动变压器的应用——测量振动实验报告

班级： 学号： 姓名： 年 月 日

实验 4.4 差动变压器的应用——测量振动	
预习思考题	1. 请画出实验原理图。 2. 简述主要实验步骤。

表 1

f/Hz									
$V_{\text{P-P}}/\text{mV}$									

数据测量

1. 根据实验结果作出 f-V_{P-P}的特性曲线,指出自振频率的大致值,并与用应变片测出的结果相比较。

2. 保持低频振荡器频率不变,改变振荡幅度,同样实验可得到振幅与电压峰-峰值 V_{P-P}曲线(定性)。

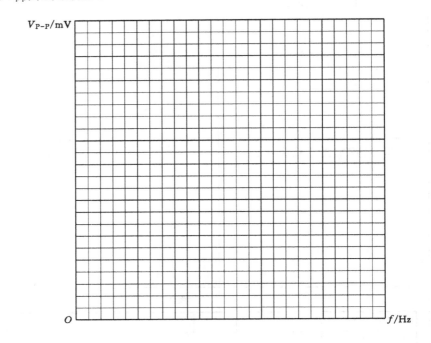

思考题	1. 分析利用差动变压器测量振动时,在应用上有些什么限制?

预习报告:	
数据处理:	
指导教师:	

附表 4-27　差动变压器传感器的应用——电子秤实验报告

班级：　　　学号：　　　姓名：　　　　　　　　　　　年　月　日

实验 4.5　差动变压器传感器的应用——电子秤		
预习思考题	1. 请画出实验的原理图。
	2. 简述主要实验步骤。
数据测量	**表 1** | W/g	20	40	60	80	100	120	140	160	180	200
---	---	---	---	---	---	---	---	---	---	---
V_o/V											 　1. 根据实验记录的数据，作出 $W\text{-}V_\mathrm{o}$ 曲线，并在取走砝码后在平台放一未知质量的物品，根据曲线坐标值大致求出此物质量。

思
考
题

1. 实验中如何实现调零？

2. 采用差动变压器做电子秤,测量的精度和范围是多少？

预习报告：	
数据处理：	
指导教师：	

附表 4-28　差动电感式传感器位移特性测试实验报告

班级：　　　学号：　　　姓名：　　　　　　　　　　　　年　月　日

	实验 4.6　差动电感式传感器位移特性测试
预习思考题	1. 请画出实验的原理图。 2. 简述主要实验步骤。
数据测量	表 1　单臂电桥性能实验

表 1　单臂电桥性能实验

X/mm							0							
V_o/V							0							

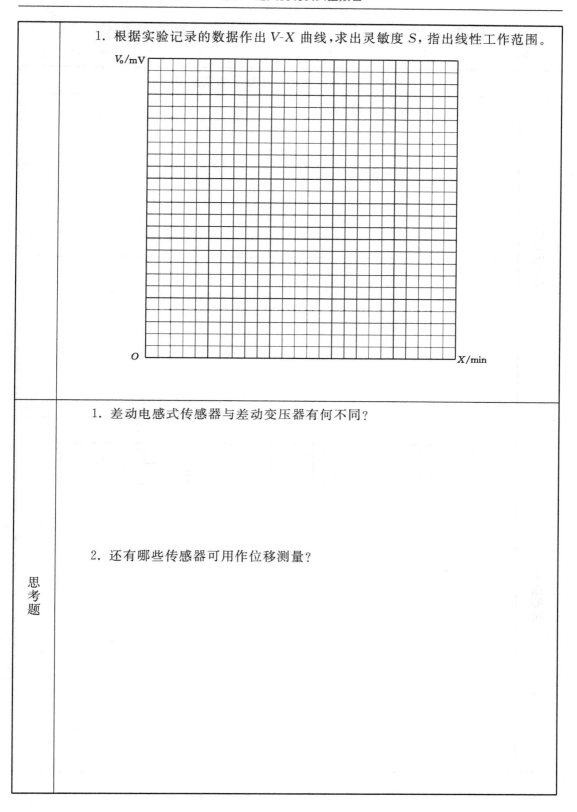

1. 根据实验记录的数据作出 $V\text{-}X$ 曲线,求出灵敏度 S,指出线性工作范围。

思考题

1. 差动电感式传感器与差动变压器有何不同?

2. 还有哪些传感器可用作位移测量?

附表 4-29 差动电感式传感器测量振动实验报告

班级：　　　　学号：　　　　姓名：　　　　　　　　　年　月　日

实验 4.7　差动电感式传感器测量振动	
预习思考题	1. 请画出实验的原理图。 2. 简述主要实验步骤。
数据测量	表 1 表格见下

表 1

f/Hz	5	6	7	8	9	10	11	12	13	14	15	18	20	22	24	26	30
V_{P-P}/mV																	

1. 根据实验结果作出 f-V_{P-P} 的特性曲线。

V_{P-p}/mV

O

f/Hz

思考题

1. 为什么电感式传感器一般都采用差动形式？

2. 还有哪些传感器可用作振动测量？

附表 4-30 激励频率对电感式传感器的影响实验报告

班级： 学号： 姓名： 年 月 日

实验 4.8 激励频率对电感式传感器的影响	
预习思考题	1. 请画出实验的原理图。
	2. 简述主要实验步骤。

表 1

					0					频率
X/mm					0					2 kHz
V_o/mV					0					4 kHz
					0					6 kHz

数据测量

1. 根据实验记录的数据,作出 V_0-X 曲线,得出灵敏度与激励频率的关系。

V_0/mV

O X/min

思考题

1. 激励频率对电感式传感器的特性有何影响?

2. 本实验中所适合的频率范围是多少?

附表 4-31　电容式传感器的位移特性实验报告

班级：　　　学号：　　　姓名：　　　　　　　　　年　月　日

实验 4.9　电容式传感器的位移特性实验	
预习思考题	1. 电容式传感器和电感式传感器相比,有哪些优缺点? 2. 电容传感器可以分为哪几种类型? 本实验采用的是哪种类型?

表 1

X/mm								
U_o/mV								

数据测量

1. 根据表 1 的数据计算电容传感器的系统灵敏度 S 和非线性误差 δ,画出 X-U_o 实验曲线。

1. ΔX 转化成 ΔV 输出用什么方法？

2. 根据 X-U_0 实验曲线，分析电容传感器的线性特性。

思考题

预习报告：	
数据处理：	
指导教师：	

附表 4-32　电容传感器动态特性测试实验报告

班级：　　　　学号：　　　　姓名：　　　　　　　　　　　　　年　月　日

实验 4.10　电容传感器动态特性测试

<table>
<tr><td rowspan="2">预习思考题</td><td>1. 电容式传感器和电感式传感器相比,有哪些优缺点?</td></tr>
<tr><td>2. 根据实验提供的电容传感器尺寸,计算其电容量 C_0 和移动 0.5 mm 时的变化量(本实验外圆半径 $R=8$ mm,内圆柱外半径 $r=7.25$ mm,外圆筒与内圆筒覆盖部分长度 $l=16$ mm)?</td></tr>
<tr><td>数据测量</td><td>

表 1

振动频率 f/Hz	5	6	7	8	9	10	11	12	13	14	15	18	20	22	24	26	30
$U_{o(P-P)}$/V																	

根据表 1 实验数据,画出实验曲线。

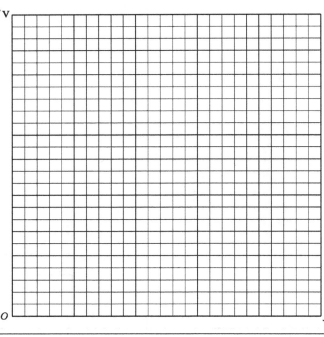

</td></tr>
</table>

1. 根据表 1 中的数据计算电容传感器的系统灵敏度 S 和非线性误差 δ。

2. 为了进一步提高电容传感器的灵敏度,本实验用的传感器可作何改进设计,如何设计实现?

思考题

预习报告:	
数据处理:	
指导教师:	

附表 4-33　交流激励时霍尔式传感器的位移特性实验报告

班级：　　　学号：　　　姓名：　　　　　　　　　　年　月　日

实验 4.11　交流激励时霍尔式传感器的位移特性实验	
预习思考题	1. 霍尔元件常用材料有哪些？为什么不用金属做霍尔元件材料？
	2. 霍尔元件的测量误差的补偿方法有哪几种？
数据测量	表 1

表 1

X/mm												
$U_{\mathrm{o}}/\mathrm{mV}$												

1. 作出 $U_{\mathrm{o}}\text{-}X$ 曲线，计算不同线性范围时的灵敏度 S 和非线性误差 δ。

$U_{\mathrm{o}}/\mathrm{mV}$

O　　　　　　　　　　　　　　　　　X/mm

思 考 题	1. 结合实验说明交流激励和直流激励时霍尔传感器进行位移测量的特点,对比两种激励时霍尔传感器的灵敏度和非线性误差。 2. 交流激励中差动放大器和低通滤波器输出的是什么波形? 解释在激励源为交流信号且信号变化也是交变时需采用相敏检波器的原因?

预习报告:	
数据处理:	
指导教师:	

附表 4-34　电涡流传感器转速及振动测量实验报告

班级：　　　学号：　　　姓名：　　　　　　　　　年　月　日

实验 4.12　电涡流传感器转速及振动测量实验	
预习思考题	1. 分析电涡流传感器测量转速的原理。 2. 测试前传感器和测试片位置有何要求？ 3. 有一个振动频率为 10 kHz 的被测体需要测其振动参数,是选用压电式传感器还是电涡流传感器或认为两者均可？
数据测量	**表 1** **表 2**

表 1

驱动电压/V	6	8	10	12	16	20	24
转速/(r/min)							

表 2

振动频率/Hz	5	6	7	8	9	10	11	12	13	14	15	16	17	18	19
$V_{o(P\text{-}P)}$/V															

1. 比较用差动变压器传感器与电涡流传感器检测振动的差异。

2. 根据表 1 记录的驱动电压和转速,作 V-n 曲线。根据表 2 作振动频率和输出峰值曲线,得出系统的共振频率。

思
考
题

预习报告:	
数据处理:	
指导教师:	

参 考 文 献

[1] 海涛.传感器与检测技术实验指导书[M].重庆:重庆大学出版社,2016.

[2] 钱爱玲,钱显毅.传感器原理与检测技术[M].北京:机械工业出版社,2015.

[3] 邓长辉.传感器与检测技术[M].大连:大连理工大学出版社,2012.

[4] 朱晓青.传感器与检测技术[M].北京:清华大学出版社,2014.

[5] 裴蓓.传感器与自动检测技术[M].北京:电子工业出版社,2015.

[6] 何道清,张禾,谌海云.传感器与传感器技术[M].北京:科学出版社,2008.

[7] 赵勇,胡涛.传感器与检测技术[M].北京:机械工业出版社,2010.

[8] 梁福平.传感器原理及检测技术学习与实践指导[M].武汉:华中科技大学出版社,2015.